高 等 院 校 计 算 机 类 规 划 教 材
全国高等院校计算机基础教育研究会重点立项项目

U0149926

路由与交换技术教程
——基于 eNSP 的网络设备配置

孟祥成　蔡志锋　沈　洵　编著

北京邮电大学出版社
www.buptpress.com

内容简介

　　本书专门介绍华为认证网络工程师(HCIA)路由与交换技术的相关内容。全书共分为 19 章,每章兼顾理论与实践,着重培养学生实践的能力。本书首先介绍了计算机网络的产生、计算机通信使用的协议、IP 地址和子网划分,然后介绍了路由器和交换机的基本配置、静态路由和动态路由(RIP、OSPF)的配置、广域网技术(HDLC、PPP、NAT)的配置以及网络服务(DHCP)与网络安全方面(ACL、IPSec VPN、GRE)的配置技术,最后以网络交换技术和路由技术为基础进行了企业网综合性组网设计。

　　本书以理论知识为铺垫,重点凸显内容的实用性,旨在通过以练代学的方式提升读者的理论理解能力和实际操作能力。本书语言通俗易懂,突出了以案例为中心的特点,可作为高等院校计算机应用专业、计算机网络技术专业、通信专业等相关专业的教材,也可作为网络爱好者和工程技术人员的参考用书。

图书在版编目(CIP)数据

　　路由与交换技术教程:基于 eNSP 的网络设备配置 / 孟祥成,蔡志锋,沈洵编著. -- 北京:北京邮电大学出版社,2021.3 (2023.1重印)

　　ISBN 978-7-5635-6343-2

　　Ⅰ.①路… Ⅱ.①孟… ②蔡… ③沈… Ⅲ.①计算机网络—路由选择—高等学校—教材②计算机网络—信息交换机—高等学校—教材 Ⅳ.①TN915.05

　　中国版本图书馆 CIP 数据核字(2021)第 035553 号

策划编辑:马晓仟　　**责任编辑:**王晓丹　米文秋　　**封面设计:**七星博纳	

出版发行:北京邮电大学出版社

社　　址:北京市海淀区西土城路 10 号

邮政编码:100876

发 行 部:电话:010-62282185　传真:010-62283578

E-mail:publish@bupt.edu.cn

经　　销:各地新华书店

印　　刷:唐山玺诚印务有限公司

开　　本:787 mm×1 092 mm　1/16

印　　张:16

字　　数:420 千字

版　　次:2021 年 3 月第 1 版

印　　次:2023 年 1 月第 4 次印刷

ISBN 978-7-5635-6343-2　　　　　　　　　　　　　　　　　　　　　　　定价:40.00 元

随着科学技术水平的不断提高,计算机网络也不断发展。在计算机网络发展过程中,路由与交换技术始终占据着重要地位。无论是简单的小型局域网还是复杂的大型广域网,它们都是由各种各样的网络设备连接起来的。计算机网络路由交换技术的应用对社会各类工作都产生着重要影响。作为从事网络规划设计、网络配置与管理的专业人员,必须熟悉和掌握网络设备的配置与管理这项基本技能。

本书由从事网络教学工作十多年、经验丰富的数位老师合作编写,作者结合多年的计算机网络教学经验、教学特点和工程案例,从初学者的角度设计和安排了本书知识内容。

本书主要包括"技术知识""案例配置""常见问题与分析""拓展训练"等模块。读者首先应该了解并掌握一定的知识技能,再进行实验操作。实验过程中请读者仔细阅读"技术知识"模块,这些内容将很好地展示案例实施的思路。"常见问题与分析"模块列出了案例实施过程中可能遇到的一些常见问题或与该案例相关的问题,并给出了问题的答案。最后的"拓展训练"模块可以启发读者进一步思考,使读者能更加深刻地理解相关技术知识。

本书内容主要是基于 eNSP 的路由与交换技术的配置。本书采用案例驱动的形式编写而成,主要分为 5 篇,即交换基础篇、路由基础篇、广域网技术篇、网络服务与网络安全篇、综合实验篇,详细讲述了组网的常用配置技术:交换技术、路由技术、广域网技术、网络服务与网络安全等。每篇由若干个案例组成,共计 19 章,除去综合实验篇,每个案例包括基础性配

置和拓展性配置内容。这些案例涵盖的路由与交换技术知识点主要有：交换机基础知识、

VLAN 技术、路由器基础、静态路由、RIP 路由、OSPF、访问控制列表（ACL）、HDLC、PPP、

DHCP、网络地址转换（NAT）、IPSec VPN、GRE 等。

　　由于作者水平有限，书中难免存在一些错漏，欢迎广大读者批评指正。

作　者

2020.9

目 录 →

交换基础篇

路由基础篇

广域网技术篇

网络服务与网络安全篇

综合实验篇

交换基础篇

第1章　网络基础

　　随着 5G 技术的快速发展,网络在我们的生活中显得越来越重要。网络中传输数据时需要定义并遵循一些标准,Internet 上的许多应用和服务都是基于网络模型标准和 IP 地址的,而子网划分更是每个从事网络工作的人员必须具备的网络基础知识。本章将详细介绍网络模型、IP 地址、子网掩码以及网关等基础知识。

1.1　技　术　知　识

1.1.1　网络的诞生

　　Internet 是全世界最大的互联网络,家庭通过网线接入路由器上网所接入的就是 Internet,企业的网络通过光纤接入 Internet,现在我们使用的智能手机通过 4G 或 5G 技术也可以很容易地接入 Internet。Internet 正在深刻地改变着我们的生活,网上购物、网上订票、预约挂号、微信聊天、移动支付等应用都离不开 Internet。

　　最初只是美国各大学和科研机构的网络进行互联,随后越来越多的公司、政府机构也接入网络,越来越多的国家网络通过海底光缆、卫星接入美国这个开放式的网络,形成了现在的 Internet。

1.1.2　OSI 七层模型

　　设备之间要想进行通信,必须遵循一套相同的通信标准,而这个标准就是协议。只有遵循协议制定的标准,网络中所有的设备才可以相互通信,否则会出现网络不兼容,不能正常通信的尴尬局面。

　　20 世纪 70 年代已经实现了基本的网络互联,只是当时网络结构都是各个厂家私有的,如 IBM 的 SNA 标准、美国国防部的 TCP/IP 等。

　　如果将两个不同厂家的产品放在一起使用,由于各厂家产品使用的标准不一致,可能会涉及不兼容的问题。例如:A 公司使用的是 IBM 的网络标准,B 公司使用的是 Novell 公司的 IPX/SPX 标准,两家公司是单独的网络,运行起来没有任何问题。假如有一天,A 公司将 B 公司收购了,因此网络需要整合到一起,这时,由于两家公司在初建网络时使用了不同厂家的标准,网络就不能兼容了。

这样的兼容性状况在当时常有发生,于是国际标准化组织(ISO)于 1984 年提出了 OSI RM(Open System Interconnection Reference Model,开放系统互连参考模型)。OSI 参考模型很快成为计算机网络通信的基础模型。

OSI 参考模型从低到高各个层次的基本功能如下。

物理层:在设备之间传输比特流,规定了电平、速度和电缆针脚。物理层定义了一台设备与物理传输介质(如双绞线或光纤)之间应该如何沟通。在物理层中传输的协议数据单元的名称是比特。

数据链路层:将比特组合成字节,再将字节组合成帧,使用链路层地址(以太网使用 MAC 地址)来访问介质,并进行差错检测。数据链路层接受物理层提供的服务,同时为网络层提供服务。数据链路层的功能是在广域网中实现相邻网络设备之间的连通性,以及在局域网中实现网络设备之间的连通性。除了建立和终结二层链路的功能之外,数据链路层协议也可以负责检查收到的数据帧是否完整,它可以重传未经确认的帧并处理重复的帧请求,以此检测和恢复物理层中的错误。此外,数据链路层的功能还包括帧流量的控制和管理。数据链路层的协议数据单元的名称是数据帧。典型的数据链路层协议有 802.2、802.3、CMSC/CD、PPP、FR、HDLC。

网络层:提供逻辑地址,供路由器确定路径。网络层能够实现一个或多个网络中的两个设备之间的通信。网络层的协议数据单元的名称是数据包。典型的网络层协议有 IPv4、IPv6、ICMP、IGMP、ARP 等。

传输层:提供面向连接或非面向连接的数据传递以及进行重传前的差错检测。网络层并不负责确保数据传输的过程和结果是可靠的,而传输层可以确保信息无错、有序、无损或无重复地传输。传输层的协议数据单元的名称是数据段。典型的传输层协议有 TCP、UDP。

会话层:负责建立、管理和终止表示层实体之间的通信会话。会话层的通信由不同设备中的应用程序之间的服务请求和响应组成。

表示层:提供各种用于应用层数据的编码和转换功能,确保一个系统的应用层发送的数据能被另一个系统的应用层识别。

应用层:OSI 参考模型中最靠近用户的一层,为应用程序提供网络服务。应用层包含的功能有资源共享、远程文件访问、网络管理、网络虚拟终端等。例如,大家浏览网页时所依赖的 HTTP 和 DNS 就是应用层协议。应用层的协议数据单元的名称是数据。典型的应用层协议有 HTTP、FTP、Telnet 等。

OSI 参考模型具有以下优点:简化了相关的网络操作;提供了不同厂商之间的兼容性;促进了标准化工作;结构上进行了分层;易于学习和操作。

1.1.3 TCP/IP 分层模型

OSI 参考模型是一个理论参考模型,是一个"仅供参考"的模型,几乎没有实用价值。而

TCP/IP 分层模型不同,这个模型是对已有 TCP/IP 协议栈所进行的描述,而且这个模型广泛应用于全球 Internet 中。

TCP/IP（Transmission Control Protocol/Internet Protocol,传输控制协议/互联网协议）,又名网络通信协议,是 Internet 最基本的协议,是 Internet 的基础,由网络层的 IP 和传输层的 TCP 组成。TCP/IP 模型的核心是网络层和传输层,网络层解决网络之间的逻辑转发问题,传输层保证源端到目的端的可靠传输。最上层的应用层通过各种协议向终端用户提供业务应用。TCP/IP 定义了电子设备如何连入 Internet,以及数据如何在它们之间传输。协议采用了 5 层的层级结构,每一层都呼叫它的下一层所提供的协议来完成自己的需求。在 TCP/IP 模型中,有时数据链路层和物理层也可以归纳为网络接口层。两个模型的对应关系如图 1-1 所示。

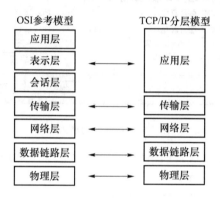

图 1-1　OSI 参考模型与 TCP/IP 分层模型对比

1.1.4　IP 地址

1. IP 地址的格式

IP 地址是一个 32 位的二进制数,分为 4 个部分（或称 4 段）,如图 1-2 所示,每部分为 8 位二进制数,再把各部分的 8 位二进制数分别转换成十进制数,十进制数与十进制数之间用点隔开,这就形成了 IP 地址的通用表示方式,称为点分十进制。点分十进制这种 IP 地址写法方便书写和记忆。8 位二进制数转换成十进制数最大不能超过 255,即点分十进制的每一部分最大不能超过 255。

2. IP 地址的组成

IP 地址分为网络部分和主机部分。网络部分即网络号,表示 IP 地址所属的网段;主机部分即主机号,用于唯一标识本网段上的某台网络设备。以 IP 地址 192.168.10.123/24 为例,如图 1-2 所示,图中第 1、2、3 部分为网络位,第 4 部分为主机位。

3. IP 地址的分类

IPv4 定义了 5 种地址类型,其中 A 类、B 类和 C 类地址为单播 IP 地址,D 类地址用作组播地址,而 E 类地址是实验地址。

（1）A 类地址

网络地址的最高位是 0 的地址为 A 类地址,即第 1 位二进制数为 0 的地址属于 A 类地

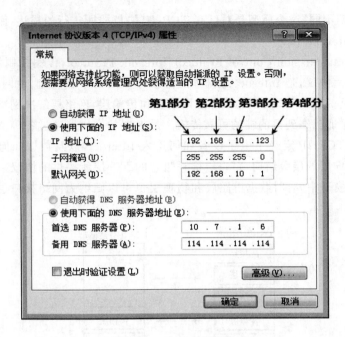

图 1-2　IP 地址的格式

址。A 类地址的前 8 位二进制数是网络位。网络 ID 是 0 不能用,127 作为保留网段,因此 A 类地址第 1 部分的取值范围为 1～126。

主机 ID 由第 2 部分、第 3 部分和第 4 部分组成,每部分的取值范围为 0～255,共 256 种取值。主机 ID 全部为 0 的地址为网络地址,而主机 ID 全部为 1 的地址为广播地址,每个 A 类网络可以容纳的最大主机数量是 $256 \times 256 \times 256 - 2 = 16\,777\,214$。

(2)B 类地址

在 32 位 IP 地址中,前两位二进制数为 10 的地址属于 B 类地址。B 类地址的前 16 位二进制数是网络位。IP 地址第 1 部分的取值范围为 128～191。

主机 ID 由第 3 部分和第 4 部分组成,每个 B 类网络可以容纳的最大主机数量是 $256 \times 256 - 2 = 65\,534$。

(3)C 类地址

在 32 位 IP 地址中,前三位二进制数为 110 的地址属于 C 类地址。C 类地址的前 24 位二进制数是网络位。IP 地址第 1 部分的取值范围为 192～223。

主机 ID 由第 4 部分组成,每个 C 类网络可以容纳的最大主机数量是 $256 - 2 = 254$。

(4)D 类地址

网络地址的最高位是 1110 的地址为 D 类地址。D 类地址第 1 部分的取值范围为 224～239。D 类地址是用于多播(也称组播)的地址,组播地址没有子网掩码。

(5)E 类地址

网络地址的最高位是 11110 的地址为 E 类地址。E 类地址第 1 部分的取值范围为 240～255,保留为今后使用。

4．IP 地址的类型

IPv4 中的部分 IP 地址被保留用于特殊用途。为节省 IPv4 地址,A、B、C 类地址段中都预留了特定范围的地址作为私网地址。目前,世界上所有终端系统和网络设备需要的 IP 地址总数已经超过了 32 位 IPv4 地址所能支持的最大地址数 4 294 967 296。为主机分配私网地址节省了公网地址,可以用于缓解 IP 地址短缺的问题。企业网络中普遍使用私网地址,不同企业网络中的私网地址可以重叠。默认情况下,网络中的主机无法使用私网地址与公网通信,当需要与公网通信时,私网地址必须转换成公网地址。还有其他特殊的 IP 地址,例如:127.0.0.0 网段中的地址为环回地址,用于诊断网络是否正常。IPv4 中的第一个地址 0.0.0.0 表示任何网络,IPv4 中的最后一个地址 255.255.255.255 是 0.0.0.0 网络中的广播地址。

私有地址范围:

A 类:10.0.0.0～10.255.255.255。

B 类:172.16.0.0～172.31.255.255。

C 类:192.168.0.0～192.168.255.255。

特殊地址:

127.0.0.0～127.255.255.255。

0.0.0.0。

255.255.255.255。

5. 子网掩码

子网掩码用于区分网络部分和主机部分。子网掩码与 IP 地址的表示方法相同。每个 IP 地址和子网掩码一起可以用于唯一地标识一个网段中的某台网络设备。子网掩码中的 1 表示网络位,0 表示主机位。

A 类网络默认子网掩码为 255.0.0.0。

B 类网络默认子网掩码为 255.255.0.0。

C 类网络默认子网掩码为 255.255.255.0。

IP 地址和子网掩码做与运算,主机位归 0,就得到计算机所在的网段。

计算机通信时先要判断目标地址和自己是否在同一个网段。使用自己的 IP 地址和子网掩码做与运算,得到自己所在的网段;使用目标 IP 地址和子网掩码做与运算,得到目标主机所在的网段;比较这两个网段是否一样。

6. 网关

报文转发过程中,首先需要确定转发路径以及通往目的网段的接口,然后将报文封装在以太帧中通过指定的物理接口转发出去。如果目的主机与源主机不在同一网段,则报文需要先转发到网关,然后通过网关将报文转发到目的网段。

网关是指接收并处理本地网段主机发送的报文并转发到目的网段的设备。为实现此功能,网关必须知道目的网段的 IP 地址。网关设备上连接本地网段的接口地址即为该网段的网关地址。

7. 子网划分

按照 IP 地址传统的分类方法,一个网段有 200 台计算机,分配一个 C 类网络,192.168.1.0 255.255.255.0,可用的地址范围是 192.168.1.1～192.168.1.254,虽然没有全部用完,但这种情况还不算是极大浪费。

如果一个网段中有 300 台计算机,分配一个 C 类网络,地址就不够用了,此时需要分配一个 B 类网络,172.17.0.0 255.255.0.0,该 B 类网络可用的地址范围是 172.17.0.1~172.17.255.254,一共有 65 534 个地址可用,这就造成了极大的浪费。

子网的划分实际上就是设计子网掩码的过程。子网掩码主要用于区分 IP 地址中的网络 ID 和主机 ID,它可以屏蔽 IP 地址的一部分,从 IP 地址中分离出网络 ID 和主机 ID。

采用借位的方法,从主机号最高位借几位变为新的子网号,剩余部分仍然为主机号,使本来应当属于主机号的部分变为网络号,这样就实现了划分子网的目的。借位使得 IP 地址的结构分为 3 部分:网络位、子网位和主机位。假设 n 表示所借子网位数,m 表示主机位数,则子网个数为 2^n,主机数为 2^m,有效主机数为 2^m-2。

1.2 案例训练

下面列举划分子网的两种方法。

1.2.1 基于子网数来划分子网

例 1 一家集团公司有 12 家子公司,每家子公司又有 4 个部门。上级给出一个 172.16.0.0/16 网段,需要给每家子公司以及子公司的部门分配网段。

思路:暂时未考虑主机数,既然有 12 家子公司,就要划分 12 个子网段,但是每家子公司又有 4 个部门,因此又要在每家子公司所属的网段中划分 4 个子网分配给各部门。

步骤 1:先划分各子公司的所属网段。

有 12 家子公司,则有 $2^n \geqslant 12$,n 的最小值为 4。因此,网络位需要向主机位借 4 位。这样就可以从 172.16.0.0/16 这个大网段中划出 $2^4=16$ 个子网。详细过程如下。

先将 172.16.0.0/16 用二进制表示:

10101100.00010000.00000000.00000000/16

借 4 位后(可划分出 16 个子网):

① 10101100.00010000.**0000**0000.00000000/20【172.16.0.0/20】
② 10101100.00010000.**0001**0000.00000000/20【172.16.16.0/20】
③ 10101100.00010000.**0010**0000.00000000/20【172.16.32.0/20】
④ 10101100.00010000.**0011**0000.00000000/20【172.16.48.0/20】
⑤ 10101100.00010000.**0100**0000.00000000/20【172.16.64.0/20】
⑥ 10101100.00010000.**0101**0000.00000000/20【172.16.80.0/20】
⑦ 10101100.00010000.**0110**0000.00000000/20【172.16.96.0/20】
⑧ 10101100.00010000.**0111**0000.00000000/20【172.16.112.0/20】
⑨ 10101100.00010000.**1000**0000.00000000/20【172.16.128.0/20】
⑩ 10101100.00010000.**1001**0000.00000000/20【172.16.144.0/20】
⑪ 10101100.00010000.**1010**0000.00000000/20【172.16.160.0/20】
⑫ 10101100.00010000.**1011**0000.00000000/20【172.16.176.0/20】
⑬ 10101100.00010000.**1100**0000.00000000/20【172.16.192.0/20】

⑭ 10101100.00010000.**1101**0000.00000000/20【172.16.208.0/20】

⑮ 10101100.00010000.**1110**0000.00000000/20【172.16.224.0/20】

⑯ 10101100.00010000.**1111**0000.00000000/20【172.16.240.0/20】

接下来我们从这16个子网中选择12个即可,如将前12个分给各子公司。每个子公司最多能容纳的主机数目为 $2^{12}-2=4\ 094$。

步骤2:再划分子公司各部门的所属网段。

以甲公司获得172.16.0.0/20为例,其他子公司的部门网段划分同甲公司。

有4个部门,则有 $2^n \geqslant 4$,n 的最小值为2。因此,网络位需要向主机位借2位。这样就可以从172.16.0.0/20这个网段中再划出 $2^2=4$ 个子网,正符合要求。详细过程如下。

先将172.16.0.0/20用二进制表示:

10101100.00010000.00000000.00000000/20

借2位后(可划分出4个子网):

① 10101100.00010000.0000**00**00.00000000/22【172.16.0.0/22】

② 10101100.00010000.0000**01**00.00000000/22【172.16.4.0/22】

③ 10101100.00010000.0000**10**00.00000000/22【172.16.8.0/22】

④ 10101100.00010000.0000**11**00.00000000/22【172.16.12.0/22】

将以上4个网段分给甲公司的4个部门即可。每个部门最多能容纳的主机数目为 $2^{10}-2=1\ 022$。

1.2.2 基于计算主机数来划分子网

例2 某集团公司给下属子公司甲分配了一段IP地址192.168.5.0/24,现在甲公司有两层办公楼(1楼和2楼),统一从1楼的路由器上公网。1楼有100台计算机联网,2楼有53台计算机联网。如果你是该公司的网络工程师,该怎么规划这段IP地址?

思路:根据需求,画出图1-3所示的简单拓扑。将192.168.5.0/24划成3个网段:1楼一个网段,至少拥有101个可用IP地址;2楼一个网段,至少拥有54个可用IP地址;1楼和2楼的路由器互联用一个网段,需要2个IP地址。

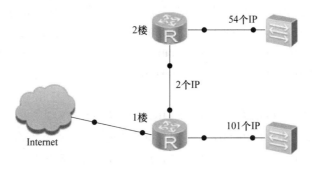

图1-3 网络拓扑图

在划分子网时优先考虑最大主机数来划分。在本例中,我们就先使用最大主机数来划分子网。101个可用IP地址需要保证至少7位的主机位可用($2^m-2 \geqslant 101$,m 的最小值为7)。如果保留7位主机位,则只能划出两个网段,剩下的一个网段就划不出来了,但是剩下的一个网段只需要 2 个 IP 地址,并且 2 楼的网段只需要 54 个可用 IP 地址,因此,我们可以从第一次划出的两个网段中选择一个网段来继续划分 2 楼的网段和路由器互联使用的网段。

步骤 1:先根据大的主机数需求划分子网。

因为要保证 1 楼网段至少有 101 个可用 IP 地址,所以主机位至少要保留 7 位。

先将 192.168.5.0/24 用二进制表示:

11000000.10101000.00000101.00000000/24

主机位保留 7 位,即在现有基础上,网络位向主机位借 1 位(可划分出 2 个子网):

① 11000000.10101000.00000101.<u>0</u>0000000/25【192.168.5.0/25】

② 11000000.10101000.00000101.<u>1</u>0000000/25【192.168.5.128/25】

1 楼网段从这两个子网段中选择一个即可,我们选择 192.168.5.0/25。

2 楼网段和路由器互联使用的网段从 192.168.5.128/25 中再次划分得到。

步骤 2:再划分 2 楼使用的网段。

2 楼使用的网段从 192.168.5.128/25 这个子网段中再次划分子网获得。因为 2 楼要有 54 个可用 IP 地址,所以主机位至少要保留 6 位($2^m-2\geqslant54$,m 的最小值为 6)。

先将 192.168.5.128/25 用二进制表示:

11000000.10101000.00000101.10000000/25

主机位保留 6 位,即在现有基础上,网络位向主机位借 1 位(可划分出 2 个子网):

① 11000000.10101000.00000101.1<u>0</u>000000/26【192.168.5.128/26】

② 11000000.10101000.00000101.1<u>1</u>000000/26【192.168.5.192/26】

2 楼网段从这两个子网段中选择一个即可,我们选择 192.168.5.128/26。

路由器互联使用的网段从 192.168.5.192/26 中再次划分得到。

步骤 3:最后划分路由器互联使用的网段。

路由器互联使用的网段从 192.168.5.192/26 这个子网段中再次划分子网获得。因为只需要 2 个可用 IP 地址,所以主机位只要保留 2 位即可($2^m-2\geqslant2$,m 的最小值为 2)。

先将 192.168.5.192/26 用二进制表示:

11000000.10101000.00000101.11000000/26

主机位保留 2 位,即在现有基础上,网络位向主机位借 4 位(可划分出 16 个子网):

① 11000000.10101000.00000101.11<u>0000</u>00/30【192.168.5.192/30】

② 11000000.10101000.00000101.11<u>0001</u>00/30【192.168.5.196/30】

③ 11000000.10101000.00000101.11<u>0010</u>00/30【192.168.5.200/30】

……

⑭ 11000000.10101000.00000101.11<u>1101</u>00/30【192.168.5.244/30】

⑮ 11000000.10101000.00000101.11<u>1110</u>00/30【192.168.5.248/30】

⑯ 11000000.10101000.00000101.11<u>1111</u>00/30【192.168.5.252/30】

路由器互联网段从这 16 个子网中选择一个即可,如选择 192.168.5.252/30。

步骤 4:整理本例的规划地址。

1 楼:

网络地址:192.168.5.0/25。

主机 IP 地址:192.168.5.1/25～192.168.5.126/25。

广播地址:192.168.5.127/25。

2 楼:

网络地址:192.168.5.128/26。

主机 IP 地址:192.168.5.129/26～192.168.5.190/26。

广播地址:192.168.5.191/26。

路由器互联:

网络地址:192.168.5.252/30。

两个 IP 地址:192.168.5.253/30、192.168.5.254/30。

广播地址:192.168.5.255/30。

1.3　常见问题与分析

① 子网掩码的作用是什么?

解析:32 位的 IP 子网掩码用于区分 IP 地址中的网络号和主机号。网络号表示网络或子网,主机号表示网络或子网中的主机。

② 网关的作用是什么?

解析:网关是指接收并处理本地网段主机发送的报文并转发到目的网段的设备。

③ 常用网络测试命令有哪些?

解析:

ping 命令:

ping 是使用频率极高的实用程序,主要用于确定网络的连通性。

命令格式:ping 主机名/域名/IP 地址。

例如,A 设备 ping B 设备 IP 地址的结果如图 1-4 所示,这种结果表示两台设备网络互通,其他情况则表示网络不通。

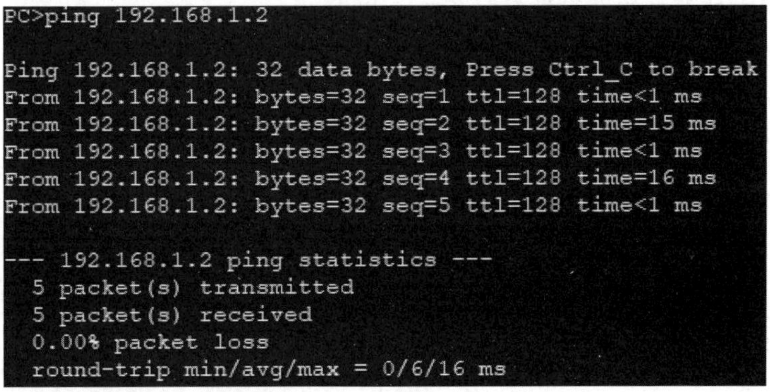

```
PC>ping 192.168.1.2

Ping 192.168.1.2: 32 data bytes, Press Ctrl_C to break
From 192.168.1.2: bytes=32 seq=1 ttl=128 time<1 ms
From 192.168.1.2: bytes=32 seq=2 ttl=128 time=15 ms
From 192.168.1.2: bytes=32 seq=3 ttl=128 time<1 ms
From 192.168.1.2: bytes=32 seq=4 ttl=128 time=16 ms
From 192.168.1.2: bytes=32 seq=5 ttl=128 time<1 ms

--- 192.168.1.2 ping statistics ---
 5 packet(s) transmitted
 5 packet(s) received
 0.00% packet loss
 round-trip min/avg/max = 0/6/16 ms
```

图 1-4　ping 命令

tracert 命令:

掌握使用 tracert 命令测量路由情况的技能,即用于显示数据包到达目的主机所经过的路径。

命令格式：tracert 主机名/域名/IP 地址。

例如，A 设备 tracert C 设备 IP 地址的结果如图 1-5 所示，这种结果表示两台设备网络互通，其他情况则表示网络不通（最后一行出现星号）。

```
PC>tracert 192.168.2.2
traceroute to 192.168.2.2, 8 hops max
(ICMP), press Ctrl+C to stop
 1  192.168.1.254   16 ms  15 ms  <1 ms
 2  192.168.2.2     16 ms  16 ms  15 ms
```

图 1-5　tracert 命令

以上输出有 5 列：

第一列是描述路径的第 n 跳的数值，即沿着该路径的路由器序号；

第二列是输入端口的 IP 地址；

第三列是第一次往返时延；

第四列是第二次往返时延；

第五列是第三次往返时延。

1.4　拓 展 训 练

1. 请写出自己对计算机网络的认知。要求：

① 字数不少于 600 字。

② 不允许抄袭，必须用自己的语言来组织。

③ 格式要求：标题黑体二号居中，正文小四号宋体，首行缩进 2 字符，行距为 1.25 倍。

2. 使用搜索引擎查找资料，回答以下问题：

① 列举国内外著名的网络设备厂商（3 个以上）。

② 列举各厂商推出的主流网络产品（商用）。

③ 请举例说明不同厂商之间同级别产品的共同点与差异。

3. 实地考察一下学校的校园网，回答以下问题：

① 校园网是不是一种局域网？

② 校园网用到了哪些网络设备和网络传输介质？

4. 现有一个 C 类网络地址段 192.168.1.0/24，请使用变长子网掩码为 3 个子网（如图 1-6 所示）分别分配 IP 地址。

提示：变长子网掩码缓解了使用缺省子网掩码导致的地址浪费问题，同时也为企业网络提供了更有效的编址方案。本题中需要使用变长子网掩码来划分多个子网，借用一定数量的主机位作为子网位的同时，剩余的主机位必须保证有足够的 IP 地址供每个子网上的所有主机使用。

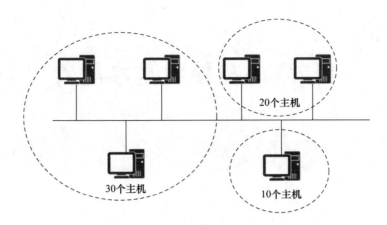

图 1-6　变长子网掩码设计

某企业的网络管理员对刚出厂的交换机进行初始化配置,为了保证局域网的安全并优化局域网,该网络管理员对交换机进行了优化配置。本章将对创建基本交换机配置方面进行讲解。通过对本章的学习,初学者可以掌握交换机的管理特性,学会配置交换机的相关语句和基本配置参数的具体操作,并学会验证所做配置信息的正确性。

2.1　技　术　知　识

2.1.1　eNSP 简介

　　本书所有实训任务都在 eNSP(Enterprise Network Simulation Platform)上进行操作,eNSP 是一款由华为提供的免费的、可扩展的、图形化的网络设备仿真平台,主要对企业网路由器、交换机、WLAN 等设备进行软件仿真,完美呈现真实设备部署实景,支持大型网络模拟,让用户有机会在没有真实设备的情况下也能够开展实验测试,学习网络技术。

　　该软件的功能特色主要有以下几点。

　　① 图形化操作:eNSP 提供便捷的图形化操作界面,让复杂的组网操作变得更简单,可以直观感受设备形态,并且支持一键获取帮助和在华为网站上查询设备资料。

　　② 高仿真度:按照真实设备支持特性情况进行模拟,模拟的设备形态多,支持功能全面,模拟程度高。

　　③ 可与真实设备对接:支持与真实网卡的绑定,实现模拟设备与真实设备的对接,组网更灵活。

　　④ 分布式部署:eNSP 不仅支持单机部署,还支持 Server 端分布式部署在多台服务器上。分布式部署环境下能够支持更多设备组成复杂的大型网络。

2.1.2　交换机概述

　　交换机(Switch)也称交换式集线器,它是一种基于 MAC 地址(网卡的硬件地址)识别,在通信系统中完成封装转发数据包信息交换功能的网络设备。交换机可以"学习"MAC 地址,并将其存放在内部地址表中,通过在数据帧的始发者和目标接收者之间建立临时的交换路径,使数据帧由源地址到达目的地址。

1. 交换机系统启动原理

(1) 系统启动

系统启动时需要加载系统软件和配置文件。如果指定了下次启动的补丁文件,还需加载补丁文件。

(2) 系统软件

设备的软件包括 BootROM 软件和系统软件。设备上电后,先运行 BootROM 软件,初始化硬件并显示设备的硬件参数,然后运行系统软件。

系统软件一方面提供对硬件的驱动和适配功能,另一方面实现了业务特性。BootROM 软件与系统软件是设备启动、运行的必备软件,为整个设备提供支撑、管理、业务等功能。

设备在升级时包括升级 BootROM 软件和升级系统软件。目前华为交换机设备的系统软件(.cc)中已经包含 Boot 软件,在升级系统软件的同时即可自动升级 Boot 软件。

(3) 配置文件

配置文件是命令行的集合。用户将当前配置保存到配置文件中,以便设备重启后,这些配置能够继续生效。另外,通过配置文件,用户可以非常方便地查阅配置信息,也可以将配置文件上传到别的设备,实现设备的批量配置。

2. 交换机的主要性能参数

一台交换机的主要性能参数包括端口的数量与带宽、交换容量、包转发率等。

(1) 端口数量

交换机设备的端口数量是交换机最直观的衡量因素,通常此参数是针对固定端口交换机而言,常见的标准的固定端口交换机端口数有 8、12、16、24、48 等几种。另外,部分交换机还会提供专用的上行端口。

(2) 端口带宽

端口传输速度是指交换机端口的数据交换速度,也称端口带宽。目前常见的有 10 Mbit/s、100 Mbit/s、1 000 Mbit/s 等几类。

(3) 交换容量

交换容量是指整机交换容量,交换机内部总线的传输容量。交换容量是内核 CPU 与总线的传输容量。一台交换机所有端口都在工作时,它们的双向数据传输速率之和称为这台交换机的接口交换容量。在设计交换机时,交换机的整机交换容量总是大于交换机的接口交换容量。

(4) 包转发率

包转发率是指一台交换机每秒可以转发数据包的数量,即整机包转发率。而一台交换机所有端口都在工作时,它们每秒可以转发的数据包数量之和称为这台交换机的接口包转发率。

2.1.3　帧的转发行为

随着企业网络的发展,越来越多的用户需要接入网络,交换机提供的大量的接入端口能够很好地满足这种需求。同时,交换机彻底解决了困扰早期以太网的冲突问题,极大地提升了以太网的性能,也提高了以太网的安全性。

交换机工作在数据链路层,对数据帧进行操作。在收到数据帧后,交换机会根据数据帧的头部信息对数据帧进行转发。

交换机中有一个 MAC 地址表,里面存放了 MAC 地址与交换机端口的映射关系。MAC 地址表也称为 CAM(Content Addressable Memory)表。

如图 2-1 所示,交换机对帧的转发行为一共有三种:泛洪(flooding),转发(forwarding),丢弃(discarding)。

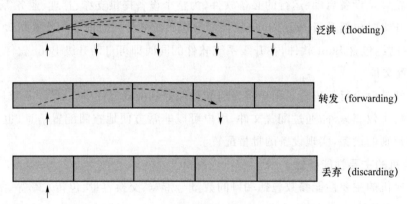

图 2-1　交换机的转发行为

泛洪:交换机把从某一端口进来的帧通过所有其他的端口转发出去(注意:"所有其他的端口"是指除了这个帧进入交换机的那个端口以外的所有端口)。

转发:交换机把从某一端口进来的帧通过另一个端口转发出去(注意:"另一个端口"不能是这个帧进入交换机的那个端口)。

丢弃:交换机把从某一端口进来的帧直接丢弃。

交换机的基本工作原理可以概括地描述如下。

① 如果进入交换机的是一个单播帧,则交换机会去 MAC 地址表中查找这个帧的目的 MAC 地址。

- 如果查不到这个 MAC 地址,则交换机执行泛洪操作。
- 如果查到了这个 MAC 地址,则比较这个 MAC 地址在 MAC 地址表中对应的端口是不是这个帧进入交换机的那个端口。如果不是,则交换机执行转发操作。如果是,则交换机执行丢弃操作。

② 如果进入交换机的是一个广播帧,则交换机不会去查 MAC 地址表,而是直接执行泛洪操作。

2.1.4 学习 MAC 地址

初始状态下,交换机并不知道所连接主机的 MAC 地址,所以 MAC 地址表为空。当一个帧进入交换机后,交换机会检查这个帧的源 MAC 地址,并将该源 MAC 地址与这个帧进入交换机的那个端口进行映射,然后将这个映射关系存放进 MAC 地址表。图 2-2 所示为 MAC 地址的学习。

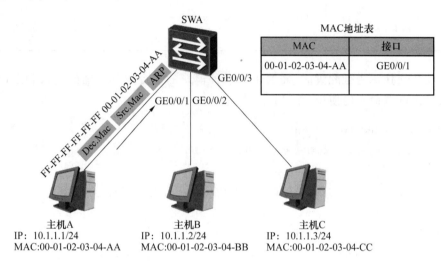

图 2-2 学习 MAC 地址

主机 A 发送数据给主机 C 时,一般会首先发送 ARP 请求来获取主机 C 的 MAC 地址,此 ARP 请求帧中的目的 MAC 地址是广播地址,源 MAC 地址是主机 A 自己的 MAC 地址。SWA 收到该帧后,会将源 MAC 地址和接收端口的映射关系添加到 MAC 地址表中。缺省情况下,X7 系列交换机学习到的 MAC 地址表项的老化时间为 300 秒。如果在老化时间内再次收到主机 A 发送的数据帧,SWA 中保存的主机 A 的 MAC 地址和 GE0/0/1 的映射的老化时间会被刷新。此后,如果交换机收到源 MAC 地址为 00-01-02-03-04-AA 的数据帧,都将通过 GE0/0/1 端口转发。

2.1.5 命令视图

系统将命令行接口划分为若干个命令视图,系统的所有命令都注册在某个(或某些)命令视图下,只有在相应的视图下才能执行该视图下的命令,如表 2-1 所示。

表 2-1 命令视图功能特性

命令视图	功能	提示符	进入命令	退出命令
用户视图	查看交换机的简单运行状态和统计信息	<Huawei>	与交换机建立连接即进入	quit:断开与交换机的连接

命令视图	功能	提示符	进入命令	退出命令
系统视图	配置系统参数	[Huawei]	在用户视图下键入system-view	quit:返回用户视图
以太网口视图	配置以太网口参数	[Huawei-Ethernet0/0/1]	在系统视图下键入interface Ethernet0/0/1	quit:返回系统视图
千兆以太网接口视图	配置千兆以太网接口参数	[Huawei-GigabitEthernet0/0/1]	在系统视图下键入interface GigabitEthernet0/0/1	quit:返回系统视图

初次使用交换机进行配置时,需要了解几种模式的命令及其之间的进入和退出命令。下面是实际的配置命令的使用,并附有注释。

```
<Huawei>system-view  //由用户视图进入系统视图
Enter system view, return user view with Ctrl + Z.  //使用"Ctrl + Z"键可退出系统视图
[Huawei]interface Ethernet0/0/1  //由系统视图进入以太网口视图
[Huawei-Ethernet0/0/1]quit  //由以太网口视图退出到系统视图
[Huawei]interface GigabitEthernet0/0/1  //由系统视图进入千兆以太网接口视图
[Huawei-GigabitEthernet0/0/1]quit  //由千兆以太网接口视图退出到系统视图
[Huawei]
```

2.1.6 命令帮助

输入命令行或进行配置业务时,命令帮助可以提供在配置手册之外的实时帮助,主要有:完全帮助和部分帮助。

1. 完全帮助

应用完全帮助,系统可以在用户输入命令行时,给予全部关键字或参数的提示。命令行的完全帮助可以通过以下 3 种方式获取。

① 在所有命令视图下,键入"?"获取该命令视图下所有的命令及其简单描述。

② 键入命令,后接以空格分隔的"?",如果该位置为关键字,则列出全部关键字及其描述。

③ 键入命令,后接以空格分隔的"?",如果该位置为参数,则列出有关的参数名和参数描述。

2. 部分帮助

应用部分帮助,系统可以在用户输入命令行时,给予以该字符串开头的所有关键字或参数的提示。命令行的部分帮助可以通过以下 3 种方式获取。

① 键入字符串,其后紧接输入"?",列出以该字符串开头的所有关键字。

② 键入命令,后接字符串紧接"?",列出命令以该字符串开头的所有关键字。

③ 输入命令的某个关键字的前几个字母,按下"Tab"键,可以显示出完整的关键字,前提是这几个字母可以唯一标示该关键字,否则,连续按下"Tab"键,可出现不同的关键字,用户可以从中选择所需要的关键字。

2.1.7　系统快捷键

系统快捷键是系统中固定的快捷键,不由用户定义,代表固定功能。系统包括的主要快捷键如表 2-2 所示。

表 2-2　系统快捷键

序号	快捷键	功能
1	Ctrl+Z	返回到用户视图
2	Ctrl+B	将光标向左移动一个字符
3	Ctrl+C	停止当前正在执行的功能
4	Ctrl+D	删除当前光标所在位置的字符
5	Ctrl+H	删除光标左侧的一个字符
6	Ctrl+N	显示历史命令缓冲区中的后一条命令
7	Ctrl+P	显示历史命令缓冲区中的前一条命令
8	Ctrl+R	重新显示当前行信息
9	Ctrl+W	删除光标左侧的一个字符串(字)
10	Ctrl+X	删除光标左侧所有的字符

2.1.8　常用命令

1. sysname 命令

sysname:设置交换机名称。为了方便对交换机进行网络管理,配置交换机时,首先在命令行提示符下对交换机命名,命名后能够唯一地标识网络中的每台交换机,命令格式为 sysname SwitchA,其中,SwitchA 可以更换为其他字符。具体配置步骤如下。

```
<Huawei>system-view
Enter system view, return user view with Ctrl + Z.
[Huawei]sysname SwitchA　//设置交换机名称
[SwitchA]
```

2. display 命令

display history-command:显示历史命令。

display this:显示当前视图的运行配置信息。为了方便了解系统设置,可以使用 display this 命令显示当前位置的配置信息。

display current-configuration:显示当前配置信息。

display interface:显示端口的相关信息。

display version：显示交换机系统版本信息。

display saved-configuration：显示起始配置信息。

例：显示当前视图的配置信息如下。

```
[SwitchA]display this
#
sysname SwitchA
#
cluster enable
ntdp enable
ndp enable
#
drop illegal-mac alarm
#
return
```

3. quit 命令和 return 命令

quit：从当前视图退到上级视图。

return：无论在何种视图下都直接退到用户视图。

4. undo 命令

undo：删除操作。取消已经配置的命令，如 undo ABC，其中，ABC 为先前配置的命令。

5. save 命令

save：保存命令。保存过程中输入 Y 后按"Enter"键，有些设备保存时需要再按一次"Enter"键。直到提示"Save the configuration successfully."即为保存成功。

```
<Huawei>save
The current configuration will be written to the device.
Are you sure to continue? [Y/N]y   //输入 Y 后按"Enter"键
Info: Please input the file name ( * .cfg, * .zip ) [vrpcfg.zip]:
Feb 21 2020 17:20:36-08:00 Huawei %%01CFM/4/SAVE(l)[50]:The user chose Y
when deciding whether to save the configuration to the device.   //部分设备此处需要
按"Enter"键
Now saving the current configuration to the slot 0.
Save the configuration successfully.
<Huawei>
```

6. reboot 命令

reboot：重启命令。重新启动交换机或路由器之前一定要运行 save 命令进行保存，否则，之前配置好的信息将丢失。

7. reset 命令

reset saved-configuration：在用户视图下使用 reset saved-configuration 命令，可删除交换机当前配置文件中的用户信息。重新启动设备时请选择不保存当前配置文件。清除和重新配置的信息只能在设备重新启动后生效,当前配置不变。

2.1.9　设置交换机管理地址

二层交换机工作在 OSI 参考模型的数据链路层上,只有 MAC 地址,物理接口不能配置 IP 地址。为了方便管理,可以设置二层交换机的虚拟接口的 IP 地址,该接口的 IP 地址不属于交换机的任何端口。配置虚拟接口的 IP 地址后,用户可以通过远程网络 Telnet 登录交换机,也可以通过 Web 方式进行登录。

交换机在没有划分 VLAN 时,通常所有的以太网端口都属于 VLAN 1,VLAN 1 是厂家设置好的,不可删除。交换机管理地址配置可以给 VLANIF1 配置 IP 地址和子网掩码,具体配置步骤如下。

步骤 1:执行命令 system-view,进入系统视图。

步骤 2:执行命令 interface vlanif **vlan-id**,进入 VLANIF 接口界面视图。

步骤 3:执行命令 ip address **ip-address**〔 **netmask** ｜ **netmask-length** 〕,设置 IP 地址与子网掩码,子网掩码 netmask 可以写成十进制数,或写成二进制位数。

例:配置交换机的管理地址 IP 为 192.168.0.1,子网掩码为 255.255.255.0,其命令如下。

```
[Huawei] interface vlanif1
[Huawei-vlanif1]ip address 192.168.0.1 255.255.255.0
```

或

```
[Huawei] interface vlanif1
[Huawei-vlanif1]ip address 192.168.0.1 24   //24 为子网掩码长度
```

2.1.10　Console 口登录配置

目前最常用的交换机登录配置是 Console 口登录和 Telnet 方式登录。通过 Console 口登录主要用于交换机第一次上电或无法通过 Telnet 登录交换机的情况。具体配置步骤如下。

步骤 1:使用配置电缆将 PC 的 COM 口和交换机的 Console 口连接。

步骤 2:所有设备上电,自检正常。

步骤 3:在 PC 上运行终端仿真程序,设置终端通信参数。波特率:9 600 bit/s。数据位:8。停止位:1。奇偶位:无。流控:无。

步骤 4:按"Enter"键,直到出现用户视图的命令行提示符,如< Huawei >。至此用户进入了用户视图配置环境。

2.1.11　Telnet 登录配置

如果已知待登录交换机的 IP 地址,则用户可以通过 Telnet 方式登录到交换机上,进行本地或者远程配置。配置交换机时,可以通过 Telnet 仅密码方式远程登录或账号+密码方式登录。

1. 仅密码方式登录

仅使用密码进行登录,具体配置步骤如下。

步骤1:执行命令 system-view,进入系统视图。

步骤2:执行命令 user-interface｛ ui-number｜vty first-number［last-number］｝,进入用户界面视图。

步骤3:执行命令 authentication-mode password,设置认证方式为密码验证方式。

步骤4:执行命令 set authentication password｛ cipher｜simple｝**password**,设置密文密码或明文密码。

步骤5:执行命令 user privilege level **user-level**,配置登录用户的级别。缺省情况下,命令按 0~3 级进行注册:0 级为参观级,主要包括网络诊断工具命令(ping、tracert)、从当前设备出发访问外部设备的命令(Telnet 客户端)等;1 级为监控级,用于系统维护,包括 display 等命令;2 级为配置级,用于业务配置,包括路由、各个网络层次的命令,向用户提供直接网络服务;3 级为管理级,用于系统基本运行,对业务提供支撑作用,包括文件系统、FTP、TFTP 下载、配置文件切换命令、用户管理命令、命令级别设置命令、系统内部参数设置命令、用于业务故障诊断的 debugging 命令等。如果用户需要实现权限的精细管理,可以将命令级别提升到 0~15 级。

例:配置 Telnet 远程登录方式为密码验证方式,明文密码为"sanjiang",登录用户的级别为最高级别,其主要命令如下。

```
[SwitchA]user-interface vty 0 4   //进入用户界面视图
[SwitchA -ui-vty0-4]authentication-mode password   //设置认证方式为密码验证
[SwitchA -ui-vty0-4]set authentication password simple sanjiang   //设置登录验
证的 password 为明文密码"sanjiang"
[SwitchA -ui-vty0-4]user privilege level 3   //配置登录用户的级别为最高级别 3
```

2. 账号+密码方式登录

使用用户名和密码进行登录,认证方式为 AAA 认证,具体配置步骤如下。

步骤1:执行命令 system-view,进入系统视图。

步骤2:执行命令 user-interface｛ ui-number｜vty first-number［last-number］｝,进入用户界面视图。

步骤3:执行命令 authentication-mode aaa,设置认证方式为 AAA 认证。

步骤4:执行命令 quit,退回到系统视图。

步骤5:执行命令 aaa,进入 AAA 视图。

步骤6:执行命令 local-user **user-name** password｛ simple｜cipher｝**password**,配置本地用户名及密码。

步骤7:执行命令 local-user **user-name** service-type telnet,配置用户的登录服务类型为 Telnet。

步骤8:执行命令 local-user **user-name** level **user-level**,配置用户的登录级别。

例：配置 Telnet 登录交换机，设置进行 AAA 授权验证方式，用户名为 sanjiang，密码为 sj123，用户登录级别为管理级 3，其主要命令如下。

```
<Huawei> system-view
Enter system view, return user view with Ctrl + Z.
[Huawei]user-interface vty 0 4
[Huawei-ui-vty0-4]authentication-mode aaa
[Huawei-ui-vty0-4]quit
[Huawei]aaa    //进入 AAA 视图
[Huawei-aaa]local-user sanjiang password simple sj123
Info：Add a new user.
[Huawei-aaa]local-user sanjiang service-type telnet
[Huawei-aaa]local-user sanjiang level 3
[Huawei-aaa]
```

2.2 案 例 配 置

2.2.1 案例需求

本案例中，要求对一台局域网交换机进行配置。为了保证局域网的安全，要求网络管理员能够创建交换机基本的配置，可以对交换机进行本地登录或通过 Telnet 进行远程访问。

2.2.2 拓扑设备

交换机配置如图 2-3 所示，设备配置地址如表 2-3 所示，本案例所选交换机设备为 2 台 S3700，另有 1 台 PC，其中：LSW1 为需要配置的设备，LSW2 为模拟 Telnet 远程客户端设备，CLIENT1 为本地计算机。

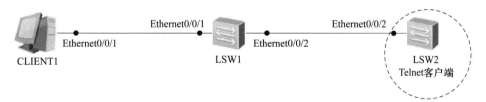

图 2-3 交换机配置

表 2-3 设备配置地址

设备	接口	IP 地址	子网掩码
LSW1	VLANIF1	192.168.0.1	255.255.255.0
LSW2	VLANIF1	192.168.0.10	255.255.255.0
CLIENT1	Ethernet0/0/1	192.168.0.2	255.255.255.0

2.2.3　案例实施

交换机主要配置如下。

1. 配置交换机 LSW1

① 键入 system-view 命令进入系统视图。双击交换机 LSW1,在< Huawei >提示符下输入 system-view 命令,进入系统视图模式。

```
< Huawei > system-view
Enter system view, return user view with Ctrl + Z.
[Huawei]
```

② 配置交换机的名称。进入系统视图,使用命令 sysname SwitchA 配置交换机名称,具体配置步骤如下。

```
[Huawei]sysname SwitchA
[SwitchA]
```

③ 配置交换机管理的 IP 地址。在交换机上 VLANIF1 的 IP 地址设置为 192.168.0.1,子网掩码为 255.255.255.0,具体配置步骤如下。

```
[SwitchA]interface vlanif1
[SwitchA -vlanif1]ip address 192.168.0.1 255.255.255.0
[SwitchA -vlanif1]quit
```

④ 配置 Telnet 远程访问密码。进入用户界面视图,设置认证方式为密码验证方式,设置登录验证的 password 为明文密码"sanjiang",系统默认 VTY 登录方式用户级别为 0,将级别设置为 3 才能进入系统视图,具体配置步骤如下。

```
[SwitchA]user-interface vty 0 4
[SwitchA -ui-vty0-4]authentication-mode password
[SwitchA -ui-vty0-4]set authentication password simple sanjiang
[SwitchA -ui-vty0-4]user privilege level 3
```

⑤ 保存配置。

```
< SwitchA > save
The current configuration will be written to the device.
Are you sure to continue? [Y/N]y
Now saving the current configuration to the slot 0.
Jul 5 2017 10:49:17-08:00 SwitchA % %01CFM/4/SAVE(1)[0]:The user chose Y when
deciding whether to save the configuration to the device.
Save the configuration successfully.
< SwitchA >
```

2. 配置 Telnet 客户端

由于 Telnet 远程登录客户端使用了交换机 LSW2 作为模拟登录设备,需要配置它的管理地址,并且要在 VLANIF1 虚拟端口下配置,VLANIF1 的 IP 地址设置为 192.168.0.10。如果在其他虚拟端口下配置,则要使用相关路由协议才可以使网络互通,本节只考虑同网段配置,不采用其他路由协议配置。具体配置步骤如下。

```
<Huawei> system-view
Enter system view, return user view with Ctrl + Z.
[Huawei] interface vlanif1
[Huawei -vlanif1]ip address 192.168.0.10 255.255.255.0
[Huawei -vlanif1]return
```

3. 实验测试

(1) 检验本地网络连通性

在本地计算机上运行命令提示符 ping LSW1 设备 IP 地址,ping 通说明网络是互通的,可以从本地计算机访问交换机。双击 CLIENT1,在弹出窗口中单击"命令行",输入 ping 192.168.0.1,运行结果如下。

```
PC> ping 192.168.0.1

Ping 192.168.0.1: 32 data bytes, Press Ctrl_C to break
From 192.168.0.1: bytes = 32 seq = 1 ttl = 255 time = 47 ms
From 192.168.0.1: bytes = 32 seq = 2 ttl = 255 time = 16 ms
From 192.168.0.1: bytes = 32 seq = 3 ttl = 255 time = 16 ms
From 192.168.0.1: bytes = 32 seq = 4 ttl = 255 time = 31 ms
From 192.168.0.1: bytes = 32 seq = 5 ttl = 255 time = 15 ms


—— 192.168.0.1 ping statistics ——
  5 packet(s) transmitted
  5 packet(s) received
  0.00 % packet loss
  round-trip min/avg/max = 15/25/47 ms
```

(2) 在 LSW2 设备中测试网络互通性

在 Telnet 客户端用户视图下 ping LSW1 设备 IP 地址,ping 通说明网络是互通的,接下来可以进行远程 Telnet 登录,测试结果如下。

```
<Huawei> ping 192.168.0.1
  PING 192.168.0.1: 56 data bytes, press CTRL_C to break
    Reply from 192.168.0.1: bytes = 56 Sequence = 1 ttl = 255 time = 10 ms
    Reply from 192.168.0.1: bytes = 56 Sequence = 2 ttl = 255 time = 50 ms
    Reply from 192.168.0.1: bytes = 56 Sequence = 3 ttl = 255 time = 50 ms
```

```
    Reply from 192.168.0.1：bytes = 56 Sequence = 4 ttl = 255 time = 50 ms
    Reply from 192.168.0.1：bytes = 56 Sequence = 5 ttl = 255 time = 50 ms

  —— 192.168.0.1 ping statistics ——
  5 packet(s) transmitted
  5 packet(s) received
  0.00 % packet loss
  round-trip min/avg/max = 10/42/50 ms
```

（3）Telnet 客户端远程登录

在 Telnet 客户端用户视图下进行远程登录，Password（密码）为"sanjiang"。

```
< Huawei > telnet 192.168.0.1
Trying 192.168.0.1 ...
Press CTRL + K to abort
Connected to 192.168.0.1 ...


Login authentication


Password：
Info：The max number of VTY users is 5，and the number
      of current VTY users on line is 1.
      The current login time is 2017-07-05 10：43：31.
< SwitchA >
```

2.3 常见问题与分析

① 配置交换机管理地址时，提示"Error：The address already exists."（IP 地址冲突配置不成功现象）。

解析：检查局域网内是否有设备使用即将要配置的 IP 地址，如果有 PC 使用了该地址，可以手动修改为其他地址；如果是被其他交换机的虚拟端口占用，可使用 undo ip address 命令在 VLAN 用户接口视图下删除现有的 IP 地址，命令如下。

```
[Huawei]interface vlanif1
[Huawei-vlanif1]undo ip address
```

② Telnet 客户端登录 Telnet 服务器时，提示"Error：The password is invalid."（密码错误不能成功登录现象）。

解析：配置密码时，要注意区分大小写，在退出系统前，一定要对所配置的密码进行校验。

2.4　拓 展 训 练

2.4.1　训练目的

熟悉交换机的各种命令视图,熟练 sysname、display、undo、quit、save 等基本的配置命令的使用,学会帮助的使用,记住常用的快捷键。

2.4.2　训练拓扑

拓扑结构如图 2-4 所示。

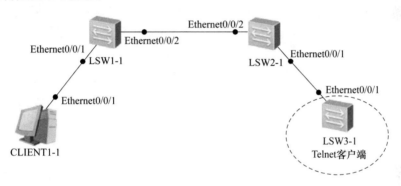

图 2-4　拓扑结构

2.4.3　训练要求

1. 网络布线

根据网络拓扑图进行网络布线。

2. 实验编址

根据网络拓扑图设计网络设备的 IP 编址,填写表 2-4 所示的地址分配表。

表 2-4　地址分配表

设备	接口	IP 地址	子网掩码
LSW1-1	VLANIF1		
LSW2-1	VLANIF1		
LSW3-1	VLANIF1		
CLIENT1-1	Ethernet0/0/1		

3. 主要步骤

分别使用"仅密码方式登录"和"账号＋密码方式登录"配置交换机。

① 配置交换机名 LSW1-1 为 SwitchA_1，LSW2-1 为 SwitchB_1。

② 配置交换机管理地址，对照表 2-4，分别配置 SwitchA_1 和 SwitchB_1 的管理 IP 地址。

③ 配置交换机 SwitchA_1 的 Telnet 登录密码为 LSW1，VTY 登录方式用户级别为 0。

④ 配置交换机 SwitchB_1 的 Telnet 登录密码为 LSW2，VTY 登录方式用户级别为 3。

⑤ 配置 CLIENT1-1 的 IP 地址、子网掩码。

⑥ 对交换机所做的配置进行保存，在 Telnet 客户端登录 SwitchA_1、SwitchB_1，并比较它们登录后是否有区别。

第3章 VLAN的划分

　　某企业的网络管理员对交换机进行配置,为了提高网络的安全性,该网络管理员对交换机进行了 VLAN 划分配置,以实现不同用户之间的隔离。本章将对交换机端口进行配置,交换机与终端设备相连需要使用 Access 接口技术。通过对本章的学习,初学者可以了解 VLAN 划分的方法,学习 VLAN 的原理与作用、Access 的原理、Access 接口类型的配置以及验证所做配置信息的正确性。

3.1 技 术 知 识

3.1.1 VLAN技术基础

1. VLAN 的概念

　　VLAN(Virtual Local Area Network)技术即虚拟局域网技术,是将一个物理的局域网(LAN)在逻辑上划分成多个广播域(多个 VLAN)的数据交换技术。1996 年 3 月,IEEE802.1 Internet Working 委员会结束了对 VLAN 初期标准的修订工作。出台的标准进一步完善了 VLAN 的体系结构,统一了 Frame-Tagging 方式中不同厂商的标签格式,并指明了 VLAN 标准在未来一段时间内的发展方向,形成的 802.1Q 标准在业界获得了广泛的推广。后来 IEEE 于 1999 年发布了用于标准化 VLAN 实现方案的 802.1Q 协议标准草案。802.1Q 的出现打破了虚拟网依赖于单一厂商的僵局,从侧面推动了 VLAN 的迅速发展。

　　VLAN 的划分不受网络端口的实际物理位置的限制,有着和普通物理网络同样的属性。第二层的单播、广播、多播帧在一个 VLAN 内转发、扩散,而不会直接进入其他的 VLAN 之中。默认情况下,同一 VLAN 下的端口所连接的设备是可以互相通信的,而不同 VLAN 下的是不能互相通信的。

2. VLAN 的分类

(1) VLAN 的划分方式

　　基于端口的 VLAN:根据端口划分,配置简单,可以用于各种场景,是最简洁、最广泛使用的划分方式。

基于 MAC 的 VLAN:根据报文的源 MAC 地址划分,即根据终端设备的 MAC 地址来划分 VLAN,经常用于用户位置变化,不需要重新配置 VLAN 的场景。

基于 IP 子网的 VLAN:根据 IP 进行划分,即根据报文源 IP 及掩码来确定报文所属 VLAN,一般用于对同一网段的用户进行统一管理的场景。

基于协议的 VLAN:根据协议划分,即根据端口接收到的报文所属的协议类型及封装格式来给报文分配不同的 VLAN ID,适用于对具有相同应用或服务的用户进行统一管理的场景。

基于策略的 VLAN:根据几种划分依据组合进行的划分,适用于对安全性要求比较高的场景。

(2) 接口类型

在 802.1Q 中定义 VLAN 帧后,设备的有些接口可以识别 VLAN 帧,有些接口则不能识别 VLAN 帧。根据对 VLAN 帧的识别情况,将接口分为以下 3 类。

Access 接口:Access 接口是交换机上用于连接用户主机的接口,它只能连接接入链路。仅允许唯一的 VLAN ID 通过本接口,这个 VLAN ID 与接口的缺省 VLAN ID 相同,Access 接口发往对端的以太网帧永远是不带标签的帧。

Trunk 接口:Trunk 接口是交换机上用于和其他交换机连接的接口,它只能连接干道链路。允许多个 VLAN 的帧(带 Tag 标记)通过。

Hybrid 接口:Hybrid 接口是交换机上既可以连接用户主机,又可以连接其他交换机的接口。Hybrid 接口既可以连接接入链路,又可以连接干道链路。Hybrid 接口允许多个 VLAN 的帧通过,并可以在出接口方向将某些 VLAN 帧的 Tag 剥掉。

3. VLAN 技术的优点

VLAN 技术是将一个物理的 LAN 在逻辑上划分成多个 VLAN 的通信技术。每一个 VLAN 都包含一组具有相同需求的计算机,与物理上形成的 LAN 具有相同的属性。但是由于 VLAN 是在逻辑上划分而不是在物理上划分,因此同一个 VLAN 内的各个工作站无须放置在同一个物理空间。即使两台计算机有着同样的网段,如果它们不属于同一个 VLAN,它们各自的广播帧不会互相转发,从而实现了控制流量、减少设备投资、简化网络管理、提高网络的安全性。VLAN 技术的优点如下。

限制广播域:广播域被限制在一个 VLAN 内,节省带宽,提高网络处理能力。

提高局域网的安全性:不同 VLAN 内的报文在传输时是相互隔离的,即一个 VLAN 内的用户不能和其他 VLAN 内的用户直接通信。

提高网络的健壮性:故障被限制在一个 VLAN 内,本 VLAN 内的故障不会影响其他 VLAN 的正常工作。

灵活构建虚拟工作组:用 VLAN 可以划分不同用户到不同的工作组,同一工作组内的用户也不必局限于某一固定的物理范围,不受物理位置的限制,网络构建和维护更方便灵活。

3.1.2 创建 VLAN

默认交换机的所有端口都属于 VLAN 1,VLAN 1 是默认 VLAN,不能删除。

vlan 命令用于创建 VLAN 并进入 VLAN 视图,如果 VLAN 已存在,则直接进入该 VLAN 的视图。在系统视图下运行 vlan 命令,命令格式如下。

vlan **vlan-id** //指定 VLAN ID,整数形式,取值范围是 1～4094

删除 VLAN 的命令格式如下。

undo vlan **vlan-id**

例:创建一个 ID 为 100 的 VLAN,如果该 VLAN 已存在,则直接进入该 VLAN 的视图。

```
<Huawei>system-view
Enter system view, return user view with Ctrl + Z.
[Huawei]vlan 100  //创建 VLAN
[Huawei-vlan100]quit
[Huawei]undo vlan 100   //删除 VLAN
[Huawei]
```

3.1.3　批量创建 VLAN

如果要配置的 VLAN 数量较多,为了提高配置效率,可以使用 VLAN 的批量配置命令。在系统视图下运行 VLAN 的批量配置命令,命令格式如下。

vlan batch { **vlan-id1** [to **vlan-id2**] } & < 1-10 >   // vlan-id1 为指定批量创建的起始 VLAN ID;vlan-id2 为指定批量创建的结束 VLAN ID,且值必须大于 vlan-id1;采用关键字"to"输入的区间必须没有交叉,可以输入 1～10 次

例:批量创建 ID 为 2、3 以及 10～15 的 VLAN。

```
<Huawei>system-view
Enter system view, return user view with Ctrl + Z.
[Huawei]vlan batch 2 3 10 to 15
[Huawei]
```

3.1.4　显示 VLAN

交换机端口划分、VLAN 创建完成后,可以在系统视图下用命令 display vlan 查看相关信息,验证配置结果。如果不指定任何参数,则该命令显示所有 VLAN 的简要信息。按上述内容批量创建 VLAN 后,执行命令后显示的信息如下所示。

```
[Huawei]display vlan
The total number of vlans is : 9
---------------------------------------------------------------
U: Up;          D: Down;          TG: Tagged;          UT: Untagged;
```

```
MP: Vlan-mapping;              ST: Vlan-stacking;
#: ProtocolTransparent-vlan;   *: Management-vlan;
--------------------------------------------------------------------

VID  Type    Ports
--------------------------------------------------------------------

1    common  UT:GE0/0/1(D)    GE0/0/2(D)    GE0/0/3(D)    GE0/0/4(D)
                GE0/0/5(D)    GE0/0/6(D)    GE0/0/7(D)    GE0/0/8(D)
                GE0/0/9(D)    GE0/0/10(D)   GE0/0/11(D)   GE0/0/12(D)
                GE0/0/13(D)   GE0/0/14(D)   GE0/0/15(D)   GE0/0/16(D)
                GE0/0/17(D)   GE0/0/18(D)   GE0/0/19(D)   GE0/0/20(D)
                GE0/0/21(D)   GE0/0/22(D)   GE0/0/23(D)   GE0/0/24(D)

2    common
3    common
10   common
11   common
12   common
13   common
14   common
15   common


VID  Status  Property     MAC-LRN  Statistics Description
--------------------------------------------------------------------

1    enable  default      enable   disable    VLAN 0001
2    enable  default      enable   disable    VLAN 0002
3    enable  default      enable   disable    VLAN 0003
10   enable  default      enable   disable    VLAN 0010
11   enable  default      enable   disable    VLAN 0011
12   enable  default      enable   disable    VLAN 0012
13   enable  default      enable   disable    VLAN 0013
14   enable  default      enable   disable    VLAN 0014
15   enable  default      enable   disable    VLAN 0015
[Huawei]
```

3.1.5　Access 口报文处理

Access 接口类型报文处理方式如下。

接收不带 Tag 的报文:接收该报文,并打上缺省的 VLAN ID。

接收带 Tag 的报文:对比 VLAN ID 与缺省 VLAN ID,相同时,接收该报文,不同时,丢弃该报文。

发送帧处理过程:先剥离帧的 PVID Tag,然后再发送。

注　什么是缺省的 VLAN ID? PVID,即 Port VLAN ID,表示端口在缺省情况下所属的 VLAN,当一个数据帧进入交换机端口时,如果没有带 VLAN Tag,且该端口上配置了 PVID,该数据帧就会被标记上端口的 PVID。

3.1.6　基于 Access 和 Hybrid 口划分 VLAN

基于端口划分 VLAN 是最简单、最有效的划分方式。基于端口划分的 VLAN 可处理 Tagged 报文,也可处理 Untagged 报文。当端口收到的报文为 Untagged 报文时,在帧上标记缺省 VLAN 形成 Tagged 帧。通过 MAC 地址表,找到对应出端口。当端口收到的报文为 Tagged 报文时,如果端口允许携带该 VLAN ID 的报文通过,则正常转发;当端口收到的报文为 Tagged 报文时,如果端口不允许携带该 VLAN ID 的报文通过,则丢弃该报文。本节主要介绍交换机 Access 接口类型的配置,其他接口类型的配置将会在后面的章节进行介绍,其命令格式如下。

步骤 1:执行命令 system-view,进入系统视图。

步骤 2:执行命令 vlan **vlan-id**,创建 VLAN 并进入 VLAN 视图。如果 VLAN 已经创建,则直接进入 VLAN 视图。VLAN ID 的取值范围是 1～4094。如果需要批量创建 VLAN,可以先使用命令 vlan batch〔 **vlan-id1**〔 to **vlan-id2**〕〕&〈1-10〉批量创建,再使用命令 vlan **vlan-id** 进入相应的 VLAN 视图。

步骤 3:执行命令 quit,返回系统视图。

步骤 4:执行命令 interface **interface-type interface-number**,进入需要加入 VLAN 的以太网接口视图。

步骤 5:执行命令 port link-type〔 access ｜ hybrid 〕,配置二层以太网端口属性。缺省情况下,端口属性是 Hybrid。如果二层以太网端口直接与终端连接,则该端口类型可以是 Access 类型,也可以使用缺省类型 Hybrid。如果二层以太网端口与另一台交换机设备的端口连接,那么对此端口类型没有限制,可使用任意类型的端口。

步骤 6:关联端口和 VLAN 。执行命令 port default vlan **vlan-id**,将端口加入指定的 VLAN 中。

如果需要批量将端口加入 VLAN,可在 VLAN 视图下执行命令 port **interface-type**〔 **interface-number1**〔 to **interface-number2**〕〕&〈 1-10 〉向 VLAN 中添加一个或一组端口 。

如果关联 Hybrid 类型的端口,则执行以下操作。

选择执行其中一个步骤,配置 Hybrid 端口加入 VLAN 的方式:

① 执行命令 port hybrid untagged vlan {〔 **vlan-id1**〔 to **vlan-id2**〕〕&〈1-10〉｜ all 〕,将 Hybrid 端口以 Untagged 方式加入 VLAN。Untagged 方式是指端口在发送帧时将帧中的 Tag 剥掉,适用于二层以太网端口直接与终端连接。

② 执行命令 port hybrid tagged vlan {〔 **vlan-id1**〔 to **vlan-id2**〕〕&〈1-10〉｜ all 〕,将

Hybrid 端口以 Tagged 方式加入 VLAN。Tagged 方式是指端口在发送帧时不将帧中的 Tag 剥掉,适用于二层以太网端口与另一台交换机设备的端口连接。

缺省情况下,所有端口加入的 VLAN 和缺省 VLAN 都是 VLAN 1。

例:配置 Access 接口类型,将交换机 GE0/0/1 端口配置为 Access 接口类型,加入 VLAN 100,具体配置如下。

```
<Huawei> system-view
Enter system view, return user view with Ctrl + Z.
[Huawei]vlan 100
[Huawei-vlan100]quit
[Huawei]interface GigabitEthernet0/0/1
[Huawei-GigabitEthernet0/0/1]port link-type access    //配置 Access 接口类型
[Huawei-GigabitEthernet0/0/1]port default vlan 100    //划分给 VLAN 100
[Huawei-GigabitEthernet0/0/1]
```

3.1.7　Access 口恢复 VLAN 缺省配置

所谓缺省配置,就是缺省情况下所有端口都只加入 VLAN 1。

Access 口要恢复 VLAN 缺省配置,应在相应接口视图下执行以下命令。

```
undo port default vlan
undo port link-type
```

Hybrid 口要恢复 VLAN 缺省配置,需要先删除端口下所有 VLAN,再把缺省的 VLAN 1 加入,具体命令如下。

```
undo port hybrid vlan all
port hybrid untagged vlan 1
```

3.2　案例配置

3.2.1　案例需求

本案例中,有两个用户连接一台交换机,要求对一台局域网交换机进行 VLAN 划分和接口配置,从而实现用户之间的隔离。

实训目的:
- 理解 VLAN 的应用场景。
- 掌握 VLAN 的基本配置。
- 掌握 Access 接口的配置方法。

- 掌握将 Access 接口加入相应 VLAN 的方法。

3.2.2　拓扑设备

交换机配置拓扑如图 3-1 所示,设备配置地址如表 3-1 所示,本案例所选交换机设备为一台 S5700,其中:LSW1 为交换机设备,PC1 为用户 1,PC2 为用户 2。

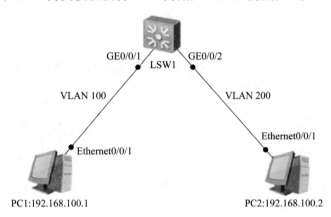

图 3-1　交换机端口隔离

表 3-1　设备配置地址

设备	接口	IP 地址	子网掩码
PC1	Ethernet0/0/1	192.168.100.1	255.255.255.0
PC2	Ethernet0/0/1	192.168.100.2	255.255.255.0
LSW1	GE0/0/1 和 GE0/0/2	×	×

3.2.3　案例实施

1. 配置用户设备

按照表 3-1 设置 PC1 和 PC2 的 IP 地址、子网掩码。验证 PC1 与 PC2 的连通性。在 PC1 命令行窗口运行 ping 192.168.100.2,结果显示:两台 PC 能够互相通信。

```
PC > ping 192.168.100.2

Ping 192.168.100.2：32 data bytes, Press Ctrl_C to break
From 192.168.100.2：bytes = 32 seq = 1 ttl = 128 time = 47 ms
From 192.168.100.2：bytes = 32 seq = 2 ttl = 128 time = 31 ms
From 192.168.100.2：bytes = 32 seq = 3 ttl = 128 time = 32 ms
From 192.168.100.2：bytes = 32 seq = 4 ttl = 128 time = 47 ms
From 192.168.100.2：bytes = 32 seq = 5 ttl = 128 time = 47 ms
```

```
--- 192.168.100.2 ping statistics ---
  5 packet(s) transmitted
  5 packet(s) received
  0.00% packet loss
  round-trip min/avg/max = 31/40/47 ms

PC>
```

2. 配置交换机

① 键入 system-view 命令进入系统视图。双击交换机 LSW1，在< Huawei >提示符下输入 system-view 命令，进入系统视图模式下。

```
< Huawei > system-view
Enter system view, return user view with Ctrl + Z.
[Huawei]
```

② 配置交换机的名称。进入系统视图，使用命令 sysname SwitchA 配置交换机名称，具体配置步骤如下。

```
[Huawei]sysname SwitchA
[SwitchA]
```

③ 创建 VLAN 100 和 VLAN 200。

```
[SwitchA]vlan batch 100 200
```

④ 端口划分。将端口 GE0/0/1 和 GE0/0/2 设置为 Access 接口类型，并分别划分给 VLAN 100 和 VLAN 200，具体配置步骤如下。

```
[SwitchA]interface GigabitEthernet0/0/1
[SwitchA-GigabitEthernet0/0/1]port link-type access
[SwitchA-GigabitEthernet0/0/1]port default vlan 100
[SwitchA-GigabitEthernet0/0/1]quit
[SwitchA]interface GigabitEthernet0/0/2
[SwitchA-GigabitEthernet0/0/2]port link-type access
[SwitchA-GigabitEthernet0/0/2]port default vlan 200
[SwitchA-GigabitEthernet0/0/2]
```

3. 结果验证

查看 VLAN 划分，在系统视图下执行以下命令。

```
[SwitchA]display vlan
The total number of vlans is : 3
-----------------------------------------------------------------
U: Up;         D: Down;         TG: Tagged;         UT: Untagged;
```

```
MP: Vlan-mapping;              ST: Vlan-stacking;
#: ProtocolTransparent-vlan;   *: Management-vlan;
------------------------------------------------------------------------

VID  Type    Ports
------------------------------------------------------------------------

1    common  UT:GE0/0/3(D)     GE0/0/4(D)    GE0/0/5(D)    GE0/0/6(D)
             GE0/0/7(D)        GE0/0/8(D)    GE0/0/9(D)    GE0/0/10(D)
             GE0/0/11(D)       GE0/0/12(D)   GE0/0/13(D)   GE0/0/14(D)
             GE0/0/15(D)       GE0/0/16(D)   GE0/0/17(D)   GE0/0/18(D)
             GE0/0/19(D)       GE0/0/20(D)   GE0/0/21(D)   GE0/0/22(D)
             GE0/0/23(D)       GE0/0/24(D)

100  common  UT:GE0/0/1(U)

200  common  UT:GE0/0/2(U)


VID  Status Property     MAC-LRN Statistics Description
------------------------------------------------------------------------


1    enable default      enable  disable    VLAN 0001
100  enable default      enable  disable    VLAN 0100
200  enable default      enable  disable    VLAN 0200
```

验证 PC1 与 PC2 网络互通性,在 PC1 命令行窗口运行 ping 192.168.100.2,结果显示:PC1 不能 ping 通 PC2,用户隔离成功。

```
PC > ping 192.168.100.2

Ping 192.168.100.2: 32 data bytes, Press Ctrl_C to break
From 192.168.100.1: Destination host unreachable
From 192.168.100.1: Destination host unreachable
From 192.168.100.1: Destination host unreachable
From 192.168.100.1: Destination host unreachable
From 192.168.100.1: Destination host unreachable

--- 192.168.100.2 ping statistics ---
  5 packet(s) transmitted
  0 packet(s) received
```

```
100.00% packet loss


PC>
```

3.3　常见问题与分析

① 在做交换机端口隔离之前,为什么 PC1 能够 ping 通 PC2?

解析:因为缺省情况下,华为交换机的接口都默认加入 VLAN 1,两台 PC 直接和交换机相连,属于同一个网段,而且 PC1 和 PC2 所在的 IP 地址属于同一子网,所以它们可以互通。

② 什么是缺省的 VLAN ID?

解析:缺省的 VLAN ID 即端口缺省虚拟局域网 ID(Port VLAN ID,PVID),表示端口在缺省情况下所属的 VLAN,当一个数据帧进入交换机端口时,如果没有带 VLAN Tag,且该端口上配置了 PVID,该数据帧就会被标记上端口的 PVID。

3.4　拓 展 训 练

3.4.1　训练目的

本训练要完成一个跨越多台交换机的 VLAN 内主机通信。要解决这个问题,需要将交换机之间的级联链路配置为 Access 接口类型或 Hybrid 接口类型。

3.4.2　训练拓扑

拓扑结构如图 3-2 所示。

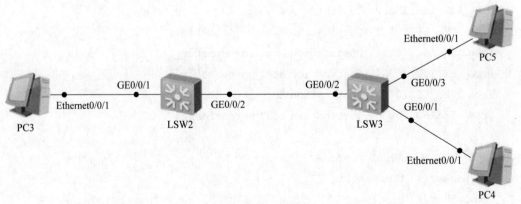

图 3-2　拓扑结构

3.4.3　训练要求

1. 网络布线

根据网络拓扑图进行网络布线。

2. 实验编址

根据网络拓扑图设计网络设备的 IP 编址,填写表 3-2 所示的地址分配表,根据需要填写,不需要填写处打×。

表 3-2　地址分配表

设备	接口	IP 地址	子网掩码
PC3	Ethernet0/0/1		
PC4	Ethernet0/0/1		
PC5	Ethernet0/0/1		
LSW2	GE0/0/1		
	GE0/0/2		
LSW3	GE0/0/1		
	GE0/0/2		
	GE0/0/3		

3. 主要步骤

对交换机级联口分别使用 Access 接口类型或 Hybrid 接口类型完成交换机配置。

① 搭建训练环境,配置 PC3、PC4、PC5 的 IP 地址、子网掩码,所有 PC 地址都在同一网段。

② 在交换机 LSW2 上配置。

- 配置交换机名 LSW2 为 SwitchA_2。
- 在交换机 SwitchA_2 上创建 VLAN 100。
- 将 SwitchA_2 的 GE0/0/1 端口加入 VLAN 100,将 GE0/0/2 端口配置为 Access 口并加入 VLAN 100 或配置为 Hybrid 口。
- 在交换机 SwitchA_2 上查看 VLAN 配置情况。

③ 在交换机 LSW3 上配置。

- 配置交换机名 LSW3 为 SwitchB_3。
- 在交换机 SwitchB_3 上创建 VLAN 100、VLAN 200。
- 将 SwitchB_3 的 GE0/0/1 端口加入 VLAN 100、GE0/0/3 端口加入 VLAN 200,将 GE0/0/2 端口配置为 Access 口并加入 VLAN 100 或配置为 Hybrid 口。
- 在交换机 SwitchB_3 上查看 VLAN 配置情况。

④ 测试主机 PC3 与 PC4 之间的通信。

⑤ 测试主机 PC3 与 PC5 之间的通信。

第4章　跨交换机VLAN内的通信 →

某公司内财务部、技术部的用户主机通过 2 台交换机实现通信,要求财务部和技术部的部门内部主机可以互通,但为了保证数据安全,技术部和财务部需要互相隔离,现要在交换机上做适当配置来实现这一目的。通过对本章的学习,初学者可以掌握 Trunk 的原理与接口类型的配置。

4.1　技　术　知　识

4.1.1　IEEE 802.1Q

IEEE 802.1Q 协议也就是"Virtual Bridged Local Area Networks"(虚拟桥接局域网,简称"虚拟局域网")协议,主要规定了 VLAN 的实现方法。IEEE 802.1Q 是 VLAN 的正式标准,在传统的以太网数据帧基础上(源 MAC 地址字段和协议类型字段之间)增加 4 字节的 802.1Q Tag。其中,数据帧中的 VID(VLAN ID)字段用于标示该数据帧所属的 VLAN,数据帧只能在所属 VLAN 内进行传输。IEEE 802.1Q 协议为标识带有 VLAN 成员信息的以太帧建立了一种标准方法。IEEE 802.1Q 协议定义了 VLAN 网桥操作,从而允许在桥接局域网结构中实现定义、运行以及管理 VLAN 拓扑结构等操作。

4.1.2　Trunk 概述

交换机与交换机之间相连的端口配置技术是网络管理人员经常会用到的级联技术,交换机之间互连的端口通常称为 Trunk 端口。Trunk 技术用于交换机之间互连,使不同 VLAN 通过共享链路与其他交换机中的相同 VLAN 通信。Trunk 是基于 OSI 第二层数据链路层的技术。Trunk 类型的接口在交换机上用于连接其他交换机,它只能连接干道链路,在逻辑上把多条物理链路等同于一条逻辑链路,而又对上层数据透明传输,必须遵循:物理接口的物理参数必须一致和必须保证数据的有序性。

Trunk 不能实现不同 VLAN 间的通信,其需要通过三层设备(路由/三层交换机)来实现。Trunk 的作用如下。

（1）VLAN 在实际环境中的应用

在实际的企业环境中，不是只使用一台交换机，而是多台交换机共同工作。每台交换机都划分 VLAN，且这些 VLAN 可能在多台交换机上是重复的。

（2）连接不同交换机的 VLAN

为几个 VLAN 都连接一条物理的链路，只需要用一条干道链路承载所有的 VLAN 通信。

（3）链路的类型

① 接入链路（Access Link）：连接用户主机和交换机的链路称为接入链路。相应的接口称为接入接口或 Access 接口，是属于一个并且只属于一个 VLAN 的接口。

② 干道链路（Trunk Link）：连接交换机和交换机的链路称为干道链路。相应的接口称为干道接口或 Trunk 接口，是属于多个 VLAN 的接口。

4.1.3　Trunk 口报文处理

Trunk 接口类型报文处理方式如下。

接收不带 Tag 的报文：首先打上缺省的 VLAN ID。当缺省 VLAN ID 在接口允许通过的 VLAN ID 列表里时，接收该报文。当缺省 VLAN ID 不在接口允许通过的 VLAN ID 列表里时，丢弃该报文。

接收带 Tag 的报文：当 VLAN ID 在接口允许通过的 VLAN ID 列表里时，接收该报文。当 VLAN ID 不在接口允许通过的 VLAN ID 列表里时，丢弃该报文。

发送帧处理过程：当 VLAN ID 与缺省 VLAN ID 相同，且是该接口允许通过的 VLAN ID 时，去掉 Tag，发送该报文。当 VLAN ID 与缺省 VLAN ID 不同，且是该接口允许通过的 VLAN ID 时，保持原有 Tag，发送该报文。

4.1.4　基于 Trunk 口划分 VLAN

根据端口划分是目前最常用的定义 VLAN 的方法，IEEE 802.1Q 协议规定的就是如何根据交换机的端口来划分 VLAN。本节主要介绍交换机 Trunk 接口类型配置，其命令格式如下。

步骤 1：执行命令 system-view，进入系统视图。

步骤 2：执行命令 vlan **vlan-id**，创建 VLAN 并进入 VLAN 视图。如果 VLAN 已经创建，则直接进入 VLAN 视图。

VLAN ID 的取值范围是 1～4094。如果需要批量创建 VLAN，可以先使用命令 vlan batch { **vlan-id1** [to **vlan-id2**] } &<1-10>批量创建，再使用命令 vlan **vlan-id** 进入相应的 VLAN 视图。

步骤 3：执行命令 quit，返回系统视图。

步骤 4：执行命令 interface **interface-type interface-number**，进入需要加入 VLAN 的以太网接口视图。

步骤5：执行命令 port link-type trunk，配置二层以太网端口属性。

如果二层以太网端口与另一台交换机设备的端口连接，则不一定要使用 Trunk 接口类型，可使用任意类型的端口。

步骤6：关联端口和 VLAN。执行命令 port trunk allow-pass vlan { {**vlan-id1**[to **vlan-id2**] } & < 1-10 > | all }，将端口加入指定的 VLAN 中。

例：配置 Trunk 接口类型。将交换机 GE0/0/24 端口配置为 Trunk 接口类型，具体配置如下。

```
< Huawei > system-view
Enter system view, return user view with Ctrl + Z.
[Huawei]interface GigabitEthernet0/0/24
[Huawei-GigabitEthernet0/0/24]port link-type trunk    //配置 Trunk 接口类型
[Huawei-GigabitEthernet0/0/24]port trunk allow-pass vlan all
[Huawei-GigabitEthernet0/0/24]
```

4.1.5 Trunk 口恢复 VLAN 缺省配置

所谓缺省配置，就是缺省情况下所有端口都只加入 VLAN 1。如果 Trunk 口要恢复 VLAN 缺省配置，需要先删除端口下所有 VLAN，再把缺省的 VLAN 1 加入，然后删除接口类型配置。Trunk 口恢复 VLAN 缺省配置，需在相应接口视图下执行以下命令。

```
undo port trunk allow-pass vlan all
port trunk allow-pass vlan 1
undo port link-type
```

例：交换机已经配置好的端口 GE0/0/24 为 Trunk 接口类型，现在要将其恢复为缺省状态，具体配置如下。

```
[Huawei] interface GigabitEthernet0/0/24
[Huawei-GigabitEthernet0/0/24]display this
#
interface GigabitEthernet0/0/24
port link-type trunk
port trunk allow-pass vlan 2 to 4094
#
return
[Huawei-GigabitEthernet0/0/24]undo port trunk allow-pass vlan all
[Huawei-GigabitEthernet0/0/24]port trunk allow-pass vlan 1
[Huawei-GigabitEthernet0/0/24]undo port link-type
[Huawei-GigabitEthernet0/0/24]display this
#
```

```
interface GigabitEthernet0/0/24
#
return
[Huawei-GigabitEthernet0/0/24]
```

4.2 案例配置

4.2.1 案例需求

本案例中,有 4 个用户连接 2 台交换机,要求使用 Trunk 接口类型技术,使得同一VLAN 内的用户之间能够跨交换机通信。

实训目的:

- 理解干道链路的应用场景。
- 掌握 Trunk 接口的配置。
- 掌握 Trunk 接口允许所有 VLAN 通过的配置方法。
- 掌握 Trunk 接口允许特定 VLAN 通过的配置方法。

4.2.2 拓扑设备

交换机配置拓扑如图 4-1 所示,设备配置地址如表 4-1 所示,本案例所选交换机设备为2 台 S5700,另有 4 台 PC。其中:LSW1、LSW2 为交换机设备,PC1、PC2、PC3、PC4 为终端用户。

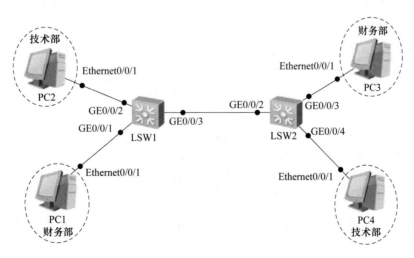

图 4-1 VLAN 内通信拓扑

表 4-1　设备配置地址

设备	接口	IP 地址	子网掩码
PC1	Ethernet0/0/1	192.168.100.1	255.255.255.0
PC2	Ethernet0/0/1	192.168.200.1	255.255.255.0
PC3	Ethernet0/0/1	192.168.100.2	255.255.255.0
PC4	Ethernet0/0/1	192.168.200.2	255.255.255.0
LSW1	GE0/0/1、GE0/0/2、GE0/0/3	×	×
LSW2	GE0/0/2、GE0/0/3、GE0/0/4	×	×

4.2.3　案例实施

1. 配置用户设备

配置拓扑环境,按照表 4-1 设置 PC1、PC2、PC3、PC4 的 IP 地址、子网掩码。

2. 配置交换机 LSW1

① 进入系统视图,配置交换机的名称。

```
< Huawei > system-view
Enter system view, return user view with Ctrl + Z.
[Huawei]sysname SwitchA
[SwitchA]
```

② 创建 VLAN 100,为财务部所在的虚拟局域网;创建 VLAN 200,为技术部所在的虚拟局域网。

```
[SwitchA]vlan batch 100 200
```

③ 将端口 GE0/0/1 和 GE0/0/2 设置为 Access 接口类型,并分别划分给 VLAN 100、VLAN 200,具体配置步骤如下。

```
[SwitchA]interface GigabitEthernet0/0/1
[SwitchA-GigabitEthernet0/0/1]port link-type access
[SwitchA-GigabitEthernet0/0/1]port default vlan 100
[SwitchA-GigabitEthernet0/0/1]quit
[SwitchA]interface GigabitEthernet0/0/2
[SwitchA-GigabitEthernet0/0/2]port link-type access
[SwitchA-GigabitEthernet0/0/2]port default vlan 200
[SwitchA-GigabitEthernet0/0/2]
```

④ 配置 Trunk 接口。将端口 GE0/0/3 设置为 Trunk 接口类型,可以转发 VLAN 100 和 VLAN 200 的报文。

```
[SwitchA-GigabitEthernet0/0/3]port link-type trunk
[SwitchA-GigabitEthernet0/0/3]port trunk allow-pass vlan 100 200
```

⑤ 验证显示 VLAN。

```
[SwitchA]display vlan
The total number of vlans is : 3
--------------------------------------------------------------------
U: Up;          D: Down;          TG: Tagged;          UT: Untagged;
MP: Vlan-mapping;              ST: Vlan-stacking;
#: ProtocolTransparent-vlan;    *: Management-vlan;
--------------------------------------------------------------------


VID  Type    Ports
--------------------------------------------------------------------
1    common  UT:GE0/0/3(U)    GE0/0/4(D)     GE0/0/5(D)     GE0/0/6(D)
                GE0/0/7(D)     GE0/0/8(D)     GE0/0/9(D)     GE0/0/10(D)
                GE0/0/11(D)    GE0/0/12(D)    GE0/0/13(D)    GE0/0/14(D)
                GE0/0/15(D)    GE0/0/16(D)    GE0/0/17(D)    GE0/0/18(D)
                GE0/0/19(D)    GE0/0/20(D)    GE0/0/21(D)    GE0/0/22(D)
                GE0/0/23(D)    GE0/0/24(D)


100  common  UT:GE0/0/1(U)


             TG:GE0/0/3(U)


200  common  UT:GE0/0/2(U)


             TG:GE0/0/3(U)



VID  Status  Property     MAC-LRN Statistics Description
--------------------------------------------------------------------
1    enable  default      enable  disable    VLAN 0001
100  enable  default      enable  disable    VLAN 0100
200  enable  default      enable  disable    VLAN 0200
[SwitchA]
```

3. 配置交换机 LSW2

① 进入系统视图,配置交换机的名称。

```
<Huawei>system-view
Enter system view, return user view with Ctrl + Z.
[Huawei]sysname SwitchB
[SwitchB]
```

② 创建 VLAN 100,为财务部所在的虚拟局域网;创建 VLAN 200,为技术部所在的虚拟局域网。

```
[SwitchB]vlan batch 100 200
```

③ 将端口 GE0/0/3 和 GE0/0/4 设置为 Access 接口类型,并分别划分给 VLAN 100、VLAN 200,具体配置步骤如下。

```
[SwitchB]interface GigabitEthernet0/0/3
[SwitchB-GigabitEthernet0/0/3]port link-type access
[SwitchB-GigabitEthernet0/0/3]port default vlan 100
[SwitchB-GigabitEthernet0/0/3]quit
[SwitchB]interface GigabitEthernet0/0/4
[SwitchB-GigabitEthernet0/0/4]port link-type access
[SwitchB-GigabitEthernet0/0/4]port default vlan 200
[SwitchB-GigabitEthernet0/0/4]
```

④ 配置 Trunk 接口。将端口 GE0/0/2 设置为 Trunk 接口类型,可以转发 VLAN 100 和 VLAN 200 的报文。

```
[SwitchB-GigabitEthernet0/0/2]port link-type trunk
[SwitchB-GigabitEthernet0/0/2]port trunk allow-pass vlan all
```

⑤ 验证显示 VLAN。

```
[SwitchB]display vlan
The total number of vlans is : 3
--------------------------------------------------------------------
U: Up;          D: Down;           TG: Tagged;          UT: Untagged;
MP: Vlan-mapping;                   ST: Vlan-stacking;
#: ProtocolTransparent-vlan;     *: Management-vlan;
--------------------------------------------------------------------

VID  Type    Ports
--------------------------------------------------------------------
1    common  UT:GE0/0/1(D)    GE0/0/2(U)     GE0/0/5(D)     GE0/0/6(D)
                GE0/0/7(D)    GE0/0/8(D)     GE0/0/9(D)     GE0/0/10(D)
                GE0/0/11(D)   GE0/0/12(D)    GE0/0/13(D)    GE0/0/14(D)
                GE0/0/15(D)   GE0/0/16(D)    GE0/0/17(D)    GE0/0/18(D)
```

```
                GE0/0/19(D)        GE0/0/20(D)        GE0/0/21(D)        GE0/0/22(D)
                GE0/0/23(D)        GE0/0/24(D)

100    common   UT:GE0/0/3(U)

                TG:GE0/0/2(U)

200    common   UT:GE0/0/4(U)

                TG:GE0/0/2(U)


VID    Status   Property         MAC-LRN Statistics Description
--------------------------------------------------------------------
1      enable   default          enable  disable    VLAN 0001
100    enable   default          enable  disable    VLAN 0100
200    enable   default          enable  disable    VLAN 0200
[SwitchB]
```

4. 结果验证

验证 PC1 与 PC3、PC2 与 PC4 的跨交换机网络互通性,在 PC1、PC2 命令行窗口运行 ping 命令,结果如下所示,跨交换机的 VLAN 内通信,PC1 ping 通 PC3,PC2 ping 通 PC4。

```
PC > ping 192.168.100.2

Ping 192.168.100.2: 32 data bytes, Press Ctrl_C to break
From 192.168.100.2: bytes = 32 seq = 1 ttl = 128 time = 62 ms
From 192.168.100.2: bytes = 32 seq = 2 ttl = 128 time = 47 ms
From 192.168.100.2: bytes = 32 seq = 3 ttl = 128 time = 47 ms
From 192.168.100.2: bytes = 32 seq = 4 ttl = 128 time = 94 ms
From 192.168.100.2: bytes = 32 seq = 5 ttl = 128 time = 78 ms

--- 192.168.100.2 ping statistics ---
  5 packet(s) transmitted
  5 packet(s) received
  0.00 % packet loss
  round-trip min/avg/max = 47/65/94 ms
```

以上结果显示:PC1 与 PC3 跨交换机在同一 VLAN 内可以相互通信。

```
PC > ping 192.168.200.2

Ping 192.168.200.2: 32 data bytes, Press Ctrl_C to break
```

```
From 192.168.200.2：bytes = 32 seq = 1 ttl = 128 time = 47 ms
From 192.168.200.2：bytes = 32 seq = 2 ttl = 128 time = 63 ms
From 192.168.200.2：bytes = 32 seq = 3 ttl = 128 time = 62 ms
From 192.168.200.2：bytes = 32 seq = 4 ttl = 128 time = 93 ms
From 192.168.200.2：bytes = 32 seq = 5 ttl = 128 time = 78 ms

--- 192.168.200.2 ping statistics ---
  5 packet(s) transmitted
  5 packet(s) received
  0.00% packet loss
  round-trip min/avg/max = 47/68/93 ms
```

以上结果显示：PC2 与 PC4 跨交换机在同一 VLAN 内可以相互通信。

4.3　常见问题与分析

① 两台交换机相连的端口配置了 Trunk 接口类型，跨交换机不同 VLAN 之间是否能够通信？

解析：两台交换机相连的端口配置了 Trunk 接口类型，跨交换机不同 VLAN 之间是不能够通信的。Trunk 接口类型只转发二层 VLAN 数据帧，如果想要不同 VLAN 之间相互通信，可以使用三层路由设备。

② 如果一个 Trunk 口 PVID 是 10，且端口下配置 port trunk allow-pass vlan 5 8，那么哪些 VLAN 的流量可以通过该 Trunk 口进行传输？

解析：执行 port trunk allow-pass vlan 5 8 命令后，VLAN 10 的数据帧不能通过此端口进行传输。VLAN 1 的数据默认可以通过 Trunk 口进行传输。所以 VLAN 1、VLAN 5 和 VLAN 8 的数据帧可以通过该 Trunk 口进行传输。

4.4　拓　展　训　练

4.4.1　训练目的

本训练要完成一个跨越多台交换机的 VLAN 内主机通信。要解决这个问题，需要将交换机之间的级联链路配置为 Trunk 接口类型。

4.4.2　训练拓扑

拓扑结构如图 4-2 所示。

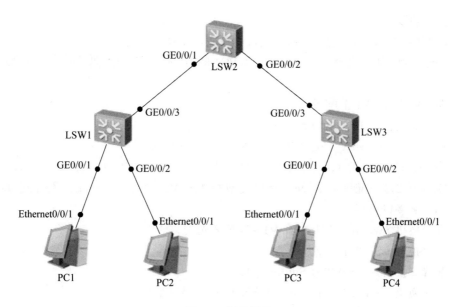

图 4-2   拓扑结构

4.4.3   训练要求

1. 网络布线

根据网络拓扑图进行网络布线。

2. 实验编址

根据网络拓扑图设计网络设备的 IP 编址,填写表 4-2 所示的地址分配表,根据需要填写,不需要填写处打×。

表 4-2   地址分配表

设备	接口	IP 地址	子网掩码
PC1	Ethernet0/0/1		
PC2	Ethernet0/0/1		
PC3	Ethernet0/0/1		
PC4	Ethernet0/0/1		
LSW1	GE0/0/1		
	GE0/0/2		
	GE0/0/3		
LSW2	GE0/0/1		
	GE0/0/2		
LSW3	GE0/0/1		
	GE0/0/2		
	GE0/0/3		

3. 主要步骤

对交换机级联口分别使用 Trunk 接口类型完成交换机配置。

① 搭建训练环境,配置 PC1、PC2、PC3、PC4 的 IP 地址、子网掩码,所有 PC 地址都在同网段。

② 在交换机 LSW1 上配置。

- 配置交换机名 LSW1 为 SwitchA_1。
- 在交换机 SwitchA_1 上创建 VLAN 100、VLAN 200。
- 将 SwitchA_1 的 GE0/0/1 端口配置为 Access 接口类型并加入 VLAN 100,将 GE0/0/2 端口配置为 Access 接口类型并加入 VLAN 200,将 GE0/0/3 端口配置为 Trunk 接口类型。
- 在交换机 SwitchA_1 上查看 VLAN 配置情况。

③ 在交换机 LSW2 上配置。

- 配置交换机名 LSW2 为 SwitchB_1。
- 在交换机 SwitchB_1 上创建 VLAN 100、VLAN 200。
- 将 SwitchB_1 的 GE0/0/1、GE0/0/2 端口配置为 Trunk 接口类型。
- 在交换机 SwitchB_1 上查看 VLAN 配置情况。

④ 在交换机 LSW3 上配置。

- 配置交换机名 LSW3 为 SwitchC_1。
- 在交换机 SwitchC_1 上创建 VLAN 100、VLAN 200。
- 将 SwitchC_1 的 GE0/0/1 端口配置为 Access 接口类型并加入 VLAN 100,将 GE0/0/2 端口配置为 Access 接口类型并加入 VLAN 200,将 GE0/0/3 端口配置为 Trunk 接口类型。
- 在交换机 SwitchC_1 上查看 VLAN 配置情况。

⑤ 测试主机 PC1 与 PC3 之间的通信。

⑥ 测试主机 PC2 与 PC4 之间的通信。

第5章　二层VLAN间通信

　　某公司由于网络环境特殊,在没有三层路由设备的情况下,需要二层 VLAN 之间可以实现不同网段之间相互通信与隔离。在该特定网络环境下,要实现二层 VLAN 互通,需要网络管理员采用非对称 VLAN、MUX VLAN 等方法。通过对本章的学习,初学者可以掌握 Hybrid 的原理与接口类型的配置以及 MUX VLAN 的配置。

　　背景一:某公司有 2 个部门,即技术部和市场部,要求技术部和市场部之间不能互相访问,但两个部门都可以访问公司服务器。为了实现这两个部门之间隔离,并且两个部门都能与公司服务器之间进行二层通信,公司网络规划采取了非对称 VLAN 的端口隔离、通信。

　　背景二:某小型公司园区内部有 2 个网络区域,即办公区和宿舍区,办公区的员工之间可以互相访问,宿舍区的住户之间不能互访,同时这 2 个区域内的所有用户都可以访问公司园区服务器。对交换机做适当配置,采用 MUX VLAN 技术将公司园区服务器所在的网络加入主 VLAN,办公区网络加入互通型从 VLAN,宿舍区网络加入隔离型从 VLAN。

5.1　技术知识

5.1.1　Hybrid 概述

　　Hybrid 接口既可以连接主机,又可以连接交换机。Hybrid 接口既可以连接接入链路,又可以连接干道链路。Hybrid 接口允许多个 VLAN 帧通过,并可以在出接口方向将某些 VLAN 帧的 Tag 剥掉。华为设备默认的接口类型是 Hybrid。

　　通过配置 Hybrid 接口,能够实现对 VLAN 标签的灵活控制,既能够实现 Access 接口的功能,又能够实现 Trunk 接口的功能。

5.1.2　Hybrid 口报文处理

　　Hybrid 接口类型报文处理方式如下。

　　接收不带 Tag 的报文:首先打上缺省的 VLAN ID。当缺省 VLAN ID 在接口允许通过的 VLAN ID 列表里时,接收该报文。当缺省 VLAN ID 不在接口允许通过的 VLAN ID 列表里时,丢弃该报文。

接收带 Tag 的报文:当 VLAN ID 在接口允许通过的 VLAN ID 列表里时,接收该报文。当 VLAN ID 不在接口允许通过的 VLAN ID 列表里时,丢弃该报文。

发送数据帧处理过程:当 VLAN ID 是该接口允许通过的 VLAN ID 时,发送该报文。可以通过命令设置发送时是否携带 Tag。

5.1.3 Hybrid 口配置

交换机 Hybrid 接口类型配置的命令格式如下。

步骤 1:执行命令 system-view,进入系统视图。

步骤 2:执行命令 vlan **vlan-id**,创建 VLAN 并进入 VLAN 视图。如果 VLAN 已经创建,则直接进入 VLAN 视图。

VLAN ID 的取值范围是 1~4094。如果需要批量创建 VLAN,可以先使用命令 vlan batch { **vlan-id1** [to **vlan-id2**] } & < 1-10 >批量创建,再使用命令 vlan **vlan-id** 进入相应的 VLAN 视图。

步骤 3:执行命令 quit,返回系统视图。

步骤 4:执行命令 interface **interface-type interface-number**,进入需要加入 VLAN 的以太网接口视图。

步骤 5:执行命令 port link-type hybrid,配置二层以太网端口属性。缺省情况下,端口属性是 hybrid。

步骤 6:关联 Hybrid 类型端口和 VLAN,则执行以下操作。

选择执行其中一个步骤,配置 Hybrid 端口加入 VLAN 的方式:

① 执行命令 port hybrid untagged vlan { { **vlan-id1** [to **vlan-id2**] } & < 1-10 > | all },将 Hybrid 端口以 Untagged 方式加入 VLAN。Untagged 方式是指端口在发送帧时会将帧中的 Tag 剥掉,适用于二层以太网端口直接与终端连接。

② 执行命令 port hybrid tagged vlan { { **vlan-id1** [to **vlan-id2**] } & < 1-10 > | all },将 Hybrid 端口以 Tagged 方式加入 VLAN。Tagged 方式是指端口在发送帧时不将帧中的 Tag 剥掉,适用于二层以太网端口与另一台交换机设备的端口连接。

缺省情况下,所有端口加入的 VLAN 和缺省 VLAN 都是 VLAN 1。

例:配置 Hybrid 接口类型。在交换机上创建 VLAN 100,将交换机 GE0/0/1 端口配置为 Hybrid 接口类型并连接接入链路,将交换机 GE0/0/2 端口配置为 Hybrid 接口类型并连接干道链路,具体配置如下。

```
< Huawei > system-view
Enter system view, return user view with Ctrl + Z.
[Huawei]vlan 100   //创建 VLAN 100
[Huawei-vlan100]quit   //退出
[Huawei]interface GigabitEthernet0/0/1   //进入接口视图
```

[Huawei-GigabitEthernet0/0/1]port hybrid untagged vlan 100 //配置 VLAN 100 的
数据帧在通过该端口时不携带标签

[Huawei-GigabitEthernet0/0/1]quit

[Huawei]interface GigabitEthernet0/0/2

[Huawei-GigabitEthernet0/0/2]port link-type hybrid //配置为 Hybrid 接口类型

[Huawei-GigabitEthernet0/0/2]port hybrid tagged vlan 100 //配置 VLAN 100 的数
据帧在通过该端口时携带标签

[Huawei-GigabitEthernet0/0/2]

配置验证:

```
<Huawei>display vlan
The total number of vlans is : 2
--------------------------------------------------------------------
U: Up;          D: Down;          TG: Tagged;          UT: Untagged;
MP: Vlan-mapping;                 ST: Vlan-stacking;
#: ProtocolTransparent-vlan;      *: Management-vlan;
--------------------------------------------------------------------

VID   Type    Ports
--------------------------------------------------------------------
1     common  UT:GE0/0/1(D)    GE0/0/2(D)    GE0/0/3(D)    GE0/0/4(D)
                 GE0/0/5(D)    GE0/0/6(D)    GE0/0/7(D)    GE0/0/8(D)
                 GE0/0/9(D)    GE0/0/10(D)   GE0/0/11(D)   GE0/0/12(D)
                 GE0/0/13(D)   GE0/0/14(D)   GE0/0/15(D)   GE0/0/16(D)
                 GE0/0/17(D)   GE0/0/18(D)   GE0/0/19(D)   GE0/0/20(D)
                 GE0/0/21(D)   GE0/0/22(D)   GE0/0/23(D)   GE0/0/24(D)
```

100 common UT:GE0/0/1(D) //UT 表明该端口发送数据帧时会剥离 VLAN 标签,即
此端口是 Access 端口或不带标签的 Hybrid 端口

TG:GE0/0/2(D) //TG 表明该端口在转发对应 VLAN 的数据帧时不会剥
离标签,直接进行转发,该端口可以是 Trunk 端口或带标签的 Hybrid 端口

```
VID   Status   Property     MAC-LRN   Statistics   Description
--------------------------------------------------------------------

1     enable   default      enable    disable      VLAN 0001
100   enable   default      enable    disable      VLAN 0100
<Huawei>
```

5.1.4 Hybrid 口恢复 VLAN 缺省配置

如果 Hybrid 口要恢复 VLAN 缺省配置,需要先删除端口下所有 VLAN,再把缺省的 VLAN 1 加入。

二层以太网端口直接与终端连接,Hybrid 端口以 Untagged 方式加入 VLAN,在相应的接口视图下执行如下命令。

```
undo port hybrid pvid vlan
undo port hybrid untagged vlan all
port hybrid untagged vlan 1
```

二层以太网端口与另一台交换机的端口连接,Hybrid 端口以 Untagged 方式加入 VLAN,在相应的接口视图下执行如下命令。

```
undo port hybrid vlan all
port hybrid untagged vlan 1
```

例:交换机已经配置好的端口 GE0/0/1 和 GE0/0/2 为 Hybrid 接口类型,GE0/0/1 端口用于连接终端设备,GE0/0/2 端口用于接入干道链路,现在要把它们恢复为缺省状态,具体配置如下。

```
[Huawei-GigabitEthernet0/0/1]undo port hybrid pvid vlan
[Huawei-GigabitEthernet0/0/1]undo port hybrid untagged vlan all
[Huawei-GigabitEthernet0/0/1]port hybrid untagged vlan 1
[Huawei-GigabitEthernet0/0/1]interface GigabitEthernet0/0/2
[Huawei-GigabitEthernet0/0/2]undo port hybrid vlan all
[Huawei-GigabitEthernet0/0/2]port hybrid untagged vlan 1
```

5.1.5 MUX VLAN 简介

MUX VLAN(Multiplex VLAN)提供了一种通过 VLAN 进行网络资源控制的机制。例如,在企业网络中,企业办公区和职工宿舍区可以访问企业的服务器。对企业来说,希望企业办公区内部员工之间可以互相交流,而职工宿舍区的住户之间是隔离的,不能够互相访问。所有用户都可访问企业服务器可通过配置 VLAN 间通信实现。如果企业规模很大,拥有大量的用户,就要为不能互相访问的用户都分配 VLAN,这不仅需要耗费大量的 VLAN ID,还增加了网络管理者的工作量,同时也增加了维护量。通过 MUX VLAN 提供的二层流量隔离机制,可以实现企业办公区内部员工之间互相交流,而职工宿舍区的住户之间是隔离的。

MUX VLAN 分为 Principal VLAN 和 Subordinate VLAN,Subordinate VLAN 又分为 Separate VLAN 和 Group VLAN,如表 5-1 所示。

表 5-1　MUX VLAN 划分

MUX VLAN	VLAN 类型	所属接口	通信权限
Principal VLAN（主 VLAN）	—	Principal port	Principal port 可以和 MUX VLAN 内的所有接口进行通信
Subordinate VLAN（从 VLAN）	Separate VLAN（隔离型）	Separate port	Separate port 只能和 Principal port 进行通信,和其他类型的接口实现完全隔离。每个 Separate VLAN 必须绑定一个 Principal VLAN
	Group VLAN（互通型）	Group port	Group port 可以和 Principal port 进行通信,在同一组内的接口也可以互相通信,但不能和其他组的接口或 Separate port 进行通信。每个 Group VLAN 必须绑定一个 Principal VLAN

5.1.6　MUX VLAN 配置

配置 MUX VLAN 中主从型 VLAN,其命令格式如下。

步骤 1:执行命令 system-view,进入系统视图。

步骤 2:执行命令 vlan batch **vlan-id1 vlan-id2 vlan-id3**,创建主从 VLAN。

步骤 3:执行命令 vlan **vlan-id1**,进入 VLAN 视图。

步骤 4:执行命令 mux-vlan,配置主 VLAN。

步骤 5:执行命令 subordinate group **vlan-id2**,配置 vlan-id2 为互通型从 VLAN。

步骤 6:执行命令 subordinate separate **vlan-id3**,配置 vlan-id3 为隔离型从 VLAN。

步骤 7:执行命令 quit,退出 VLAN 视图。

步骤 8:执行命令 interface **interface-type interface-number**,进入需要加入 VLAN 的以太网接口视图。

步骤 9:执行命令 port link-type access,配置端口类型为 Access。

步骤 10:执行命令 port default vlan〈**vlan-id1**｜ **vlan-id2**｜ **vlan-id3**〉,将端口加入 VLAN。

步骤 11:执行命令 port mux-vlan enable,开启端口的 MUX VLAN 功能。

步骤 12:反复执行步骤 8~11,直到主从型端口划分完成为止。

5.2　案 例 配 置

5.2.1　案例需求

案例一:需要 2 台 PC、1 台服务器和 2 台交换机,要求使用 Hybrid 接口类型技术,实现技术部(PC1)、市场部(PC2)与服务器之间可以通信,而技术部与市场部之间不能够相互通信。

案例二:需要 4 台 PC、1 台服务器和 1 台交换机,要求使用 MUX VLAN 技术,实现办公区与服务器之间可以通信、宿舍区与服务器之间可以通信、办公区内部能够相互通信、宿舍区内部不能够相互通信。

实训目的:

- 理解 Hybrid 接口的应用场景。
- 理解 Hybrid 接口处理 Tagged 数据帧过程。
- 理解 Hybrid 接口处理 Untagged 数据帧过程。
- 掌握配置 Hybrid 接口的方法。

5.2.2 拓扑设备

案例一基于非对称 VLAN 模型拓扑设备:配置拓扑如图 5-1 所示,设备配置地址如表 5-2 所示,本案例所选交换机设备为 2 台 S3700,另有 2 台 PC,1 台 Server。其中:LSW4、LSW5 为交换机设备,PC1 代表技术部,PC2 代表市场部,Server 为服务器。

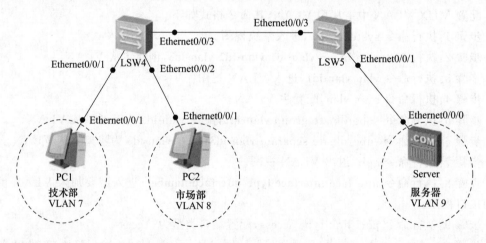

图 5-1　非对称 VLAN 拓扑

表 5-2　设备配置地址(案例一)

设备	接口	IP 地址	子网掩码
PC1	Ethernet0/0/1	192.168.70.7	255.255.255.0
PC2	Ethernet0/0/1	192.168.70.8	255.255.255.0
Server	Ethernet0/0/0	192.168.70.9	255.255.255.0
LSW4	Ethernet0/0/1、Ethernet0/0/2、Ethernet0/0/3	×	×
LSW5	Ethernet0/0/1、Ethernet0/0/3	×	×

案例二基于 MUX VLAN 拓扑设备:配置拓扑如图 5-2 所示,设备配置地址如表 5-3 所示,本案例所选交换机设备为 1 台 S3700,另有 4 台 PC,1 台 Server。其中:LSW3 为交换机

设备,PC3、PC4 为办公区用户,PC5、PC6 为宿舍区用户,Server2 为服务器。

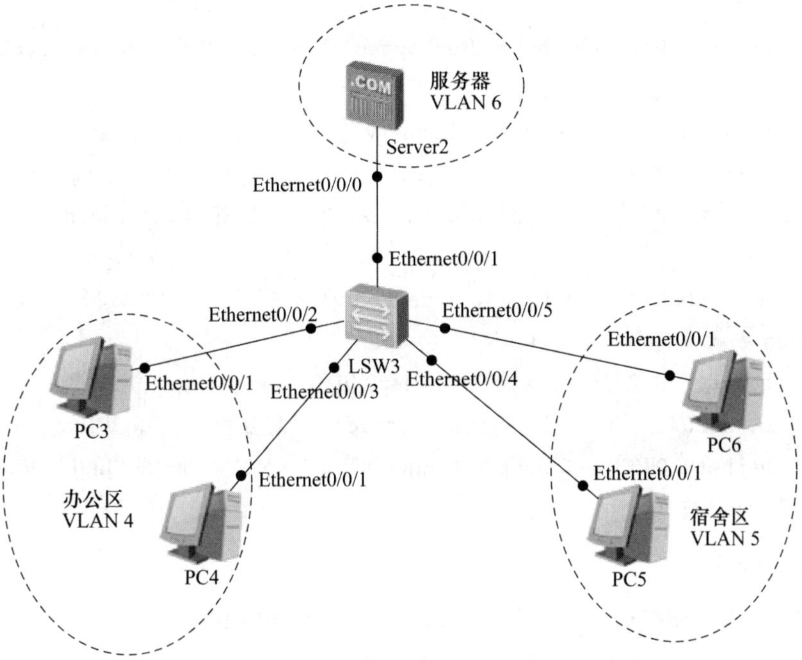

图 5-2 基于 MUX VLAN 的拓扑

表 5-3 设备配置地址(案例二)

设备	接口	IP 地址	子网掩码
PC3	Ethernet0/0/1	192.168.40.5	255.255.255.0
PC4	Ethernet0/0/1	192.168.40.6	255.255.255.0
PC5	Ethernet0/0/1	192.168.40.7	255.255.255.0
PC6	Ethernet0/0/1	192.168.40.8	255.255.255.0
Server2	Ethernet0/0/0	192.168.40.9	255.255.255.0
LSW3	Ethernet0/0/1~Ethernet0/0/5	×	×

5.2.3 案例实施

1. 基于非对称 VLAN 模型的端口隔离技术的实现

(1)配置用户设备

根据图 5-1 搭建拓扑环境,按照表 5-2 设置 PC1、PC2、Server 的 IP 地址、子网掩码。

(2)配置 LSW4

```
[LSW4]vlan batch 7 to 9   //创建 VLAN 7、VLAN 8、VLAN 9
[LSW4]interface Ethernet0/0/1   //进入接口视图
[LSW4-Ethernet0/0/1]port link-type hybrid   //配置端口类型为 Hybrid
```

```
    [LSW4-Ethernet0/0/1]port hybrid pvid vlan 7   //配置端口 Ethernet0/0/1 的 PVID
为 7
    [LSW4-Ethernet0/0/1]port hybrid untagged vlan 7 9   //允许 VLAN 7、VLAN 9 的数据
帧以 Untagged 方式通过
    [LSW4-Ethernet0/0/1]interface Ethernet0/0/2   //进入接口视图
    [LSW4-Ethernet0/0/2]port link-type hybrid   //配置端口类型为 Hybrid
    [LSW4-Ethernet0/0/2]port hybrid pvid vlan 8   //配置端口 Ethernet0/0/2 的 PVID
为 8
    [LSW4-Ethernet0/0/2]port hybrid untagged vlan 8 9   //允许 VLAN 8、VLAN 9 的数据
帧以 Untagged 方式通过
    [LSW4-Ethernet0/0/2]interface Ethernet0/0/3   //进入接口视图
    [LSW4-Ethernet0/0/3]port link-type hybrid   //配置端口类型为 Hybrid
    [LSW4-Ethernet0/0/3]port hybrid tagged vlan 7 to 9   //允许 VLAN 7、VLAN 8、VLAN 9
的数据帧以 Tagged 方式通过
```

（3）配置 LSW5

```
    [LSW5]vlan batch 7 to 9   //创建 VLAN 7、VLAN 8、VLAN 9
    [LSW5]interface Ethernet0/0/1   //进入接口视图
    [LSW5-Ethernet0/0/1]port link-type hybrid   //配置端口类型为 Hybrid
    [LSW5-Ethernet0/0/1]port hybrid pvid vlan 9   //配置端口 Ethernet0/0/1 的 PVID
为 9
    [LSW5-Ethernet0/0/1]port hybrid untagged vlan 7 to 9
    [LSW5-Ethernet0/0/1]interface Ethernet0/0/3   //进入接口视图
    [LSW5-Ethernet0/0/3]port link-type hybrid   //配置端口类型为 Hybrid
    [LSW5-Ethernet0/0/3]port hybrid tagged vlan 7 to 9   //允许 VLAN 7、VLAN 8、VLAN 9
的数据帧以 Tagged 方式通过
```

（4）结果验证
① 配置成功后，在 PC1 命令行窗口 ping 服务器 Server。

```
PC>ping 192.168.70.9

Ping 192.168.70.9: 32 data bytes, Press Ctrl_C to break
From 192.168.70.9: bytes = 32 seq = 1 ttl = 255 time = 32 ms
From 192.168.70.9: bytes = 32 seq = 2 ttl = 255 time = 62 ms
From 192.168.70.9: bytes = 32 seq = 3 ttl = 255 time = 62 ms
From 192.168.70.9: bytes = 32 seq = 4 ttl = 255 time = 46 ms
From 192.168.70.9: bytes = 32 seq = 5 ttl = 255 time = 47 ms

    --- 192.168.70.9 ping statistics ---
```

```
5 packet(s) transmitted
5 packet(s) received
0.00% packet loss
round-trip min/avg/max = 32/49/62 ms
```

PC>

以上结果显示:技术部 PC1 与公司服务器之间可以相互通信。
② 在 PC2 命令行窗口 ping 服务器 Server。

```
PC>ping 192.168.70.9

Ping 192.168.70.9: 32 data bytes, Press Ctrl_C to break
From 192.168.70.9: bytes = 32 seq = 1 ttl = 255 time = 47 ms
From 192.168.70.9: bytes = 32 seq = 2 ttl = 255 time = 62 ms
From 192.168.70.9: bytes = 32 seq = 3 ttl = 255 time = 62 ms
From 192.168.70.9: bytes = 32 seq = 4 ttl = 255 time = 62 ms
From 192.168.70.9: bytes = 32 seq = 5 ttl = 255 time = 63 ms

--- 192.168.70.9 ping statistics ---
5 packet(s) transmitted
5 packet(s) received
0.00% packet loss
round-trip min/avg/max = 47/59/63 ms
```

PC>

以上结果显示:市场部 PC2 与公司服务器之间可以相互通信。
③ 验证 PC1 与 PC2 之间的连通性。

```
PC>ping 192.168.70.8

Ping 192.168.70.8: 32 data bytes, Press Ctrl_C to break
From 192.168.70.7: Destination host unreachable
From 192.168.70.7: Destination host unreachable
From 192.168.70.7: Destination host unreachable
From 192.168.70.7: Destination host unreachable
From 192.168.70.7: Destination host unreachable

--- 192.168.70.8 ping statistics ---
5 packet(s) transmitted
```

```
0 packet(s) received
100.00% packet loss
```

以上结果显示：技术部 PC1 与市场部 PC2 之间不能通信。

2. 基于 MUX VLAN 的端口隔离与通信

（1）配置用户设备

根据图 5-2 搭建拓扑环境，按照表 5-3 设置 PC3、PC4、PC5、PC6、Server2 的 IP 地址、子网掩码。

（2）配置交换机 LSW3

① 配置 MUX VLAN。

```
[LSW3]vlan batch 4 to 6   //创建 VLAN 4、VLAN 5、VLAN 6
[LSW3]vlan 6   //进入 VLAN 管理视图
[LSW3-vlan6]mux-vlan   //配置主 VLAN
[LSW3-vlan6]subordinate group 4   //配置 VLAN 4 为互通型从 VLAN
[LSW3-vlan6]subordinate separate 5   //配置 VLAN 5 为隔离型从 VLAN
```

② 配置交换机 LSW3 的 VLAN。

```
[LSW3]interface Ethernet0/0/2   //进入接口视图
[LSW3-Ethernet0/0/2]port link-type access   //配置端口类型为 Access
[LSW3-Ethernet0/0/2]port default vlan 4   //将端口加入 VLAN 4
[LSW3-Ethernet0/0/2]port mux-vlan enable   //开启端口的 MUX VLAN 功能
[LSW3-Ethernet0/0/2]interface Ethernet0/0/3   //仿真软件 eNSP 支持以此方式进
入接口视图
[LSW3-Ethernet0/0/3]port link-type access   //配置端口类型为 Access
[LSW3-Ethernet0/0/3]port default vlan 4   //将端口加入 VLAN 4
[LSW3-Ethernet0/0/3]port mux-vlan enable   //开启端口的 MUX VLAN 功能
[LSW3-Ethernet0/0/3]interface Ethernet0/0/4   //进入接口视图
[LSW3-Ethernet0/0/4]port link-type access   //配置端口类型为 Access
[LSW3-Ethernet0/0/4]port default vlan 5   //将端口加入 VLAN 5
[LSW3-Ethernet0/0/4]port mux-vlan enable   //开启端口的 MUX VLAN 功能
[LSW3-Ethernet0/0/4]interface Ethernet0/0/5   //进入接口视图
[LSW3-Ethernet0/0/5]port link-type access   //配置端口类型为 Access
[LSW3-Ethernet0/0/5]port default vlan 5   //将端口加入 VLAN 5
[LSW3-Ethernet0/0/5]port mux-vlan enable   //开启端口的 MUX VLAN 功能
[LSW3-Ethernet0/0/5]interface Ethernet0/0/1   //进入接口视图
[LSW3-Ethernet0/0/1]port link-type access   //配置端口类型为 Access
[LSW3-Ethernet0/0/1]port default vlan 6   //将端口加入 VLAN 6
[LSW3-Ethernet0/0/1]port mux-vlan enable   //开启端口的 MUX VLAN 功能
```

（3）结果验证

① 配置完成后，在 PC3 上验证与 PC4、PC5、Server2 的连通性。

```
PC > ping 192.168.40.6

Ping 192.168.40.6：32 data bytes, Press Ctrl_C to break
From 192.168.40.6：bytes = 32 seq = 1 ttl = 128 time = 31 ms
From 192.168.40.6：bytes = 32 seq = 2 ttl = 128 time = 31 ms
From 192.168.40.6：bytes = 32 seq = 3 ttl = 128 time = 15 ms
From 192.168.40.6：bytes = 32 seq = 4 ttl = 128 time = 31 ms
From 192.168.40.6：bytes = 32 seq = 5 ttl = 128 time = 32 ms

--- 192.168.40.6 ping statistics ---
   5 packet(s) transmitted
   5 packet(s) received
   0.00 % packet loss
   round-trip min/avg/max = 15/28/32 ms


PC > ping 192.168.40.7

Ping 192.168.40.7：32 data bytes, Press Ctrl_C to break
From 192.168.40.5：Destination host unreachable
From 192.168.40.5：Destination host unreachable
From 192.168.40.5：Destination host unreachable
From 192.168.40.5：Destination host unreachable
From 192.168.40.5：Destination host unreachable

--- 192.168.40.7 ping statistics ---
   5 packet(s) transmitted
   0 packet(s) received
   100.00 % packet loss


PC > ping 192.168.40.9

Ping 192.168.40.9：32 data bytes, Press Ctrl_C to break
From 192.168.40.9：bytes = 32 seq = 1 ttl = 255 time = 16 ms
From 192.168.40.9：bytes = 32 seq = 2 ttl = 255 time < 1 ms
From 192.168.40.9：bytes = 32 seq = 3 ttl = 255 time = 16 ms
From 192.168.40.9：bytes = 32 seq = 4 ttl = 255 time = 16 ms
From 192.168.40.9：bytes = 32 seq = 5 ttl = 255 time = 16 ms
```

```
--- 192.168.40.9 ping statistics ---
  5 packet(s) transmitted
  5 packet(s) received
  0.00% packet loss
  round-trip min/avg/max = 0/12/16 ms


PC>
```

通过测试操作可知,由于办公区网络使用了互通型从 VLAN 技术,PC3 与 PC4、Server2 可以相互通信,PC3 与 PC5 不能通信。即办公区内部可以相互通信,办公区与服务器也可以通信,而办公区与宿舍区不能相互通信。

② 在 PC5 上验证与 PC6、Server2 的连通性。

```
PC>ping 192.168.40.8

Ping 192.168.40.8: 32 data bytes, Press Ctrl_C to break
From 192.168.40.7: Destination host unreachable
From 192.168.40.7: Destination host unreachable
From 192.168.40.7: Destination host unreachable
From 192.168.40.7: Destination host unreachable
From 192.168.40.7: Destination host unreachable

  --- 192.168.40.8 ping statistics ---
  5 packet(s) transmitted
  0 packet(s) received
  100.00% packet loss

PC>ping 192.168.40.9

Ping 192.168.40.9: 32 data bytes, Press Ctrl_C to break
From 192.168.40.9: bytes = 32 seq = 1 ttl = 255 time = 16 ms
From 192.168.40.9: bytes = 32 seq = 2 ttl = 255 time = 16 ms
From 192.168.40.9: bytes = 32 seq = 3 ttl = 255 time = 32 ms
From 192.168.40.9: bytes = 32 seq = 4 ttl = 255 time = 16 ms
From 192.168.40.9: bytes = 32 seq = 5 ttl = 255 time = 16 ms

  --- 192.168.40.9 ping statistics ---
  5 packet(s) transmitted
  5 packet(s) received
```

```
    0.00% packet loss
    round-trip min/avg/max = 16/19/32 ms


PC>
```

通过测试操作可知,由于宿舍区网络使用了隔离型从VLAN技术,PC5与PC6不能相互通信,PC5与Server2可以相互通信。即宿舍区内部不能相互通信,而宿舍区与服务器可以通信。

5.3　常见问题与分析

① Trunk口可以连接交换机设备,Access口可以连接终端设备,Hybrid口既可以连接交换机设备又可以连接终端设备,比较Hybrid口与Trunk口、Access口有何区别?

解析:Trunk类型的端口属于多个VLAN,一般用于交换机与交换机相连;Access类型的端口只能属于一个VLAN,一般用于连接计算机;Hybrid类型的端口可以用于交换机之间的连接,也可以用于连接用户的计算机。Hybrid接口和Trunk接口在接收数据时,处理方法是一样的,唯一不同之处在于:发送数据时,Hybrid接口可以允许多个VLAN的报文发送时不打标签,而Trunk接口只允许缺省VLAN的报文发送时不打标签。

交换机端口出入数据处理过程如下。

Access端口收报文:收到一个报文,判断是否有VLAN信息。如果没有则打上端口的PVID,并进行交换转发,如果有则直接丢弃(缺省)。

Access端口发报文:将报文的VLAN信息剥离,直接发送出去。

Hybrid端口收报文:收到一个报文,判断是否有VLAN信息。如果没有则打上端口的PVID,并进行交换转发;如果有则判断该Hybrid端口是否允许该VLAN的数据进入,如果允许则转发,否则丢弃。

Hybrid端口发报文:判断该VLAN在本端口的属性(使用display vlan命令即可看到端口对应的哪些VLAN是untag,哪些VLAN是tag),如果是untag则剥离VLAN信息再发送,如果是tag则直接发送。

② 在配置交换机VLAN后,配置验证使用display vlan命令时,根据显示结果怎样判断交换机某一端口采取何种接口类型配置?

解析:配置验证使用display vlan命令显示结果,其中:UT表明该端口发送数据帧时,会剥离VLAN标签,即该端口是Access端口或不带标签的Hybrid端口;TG表明该端口在转发对应VLAN的数据帧时,不会剥离标签,直接进行转发,该端口可以是Trunk端口或带标签的Hybrid端口。

示例:

```
<Huawei> display vlan
The total number of vlans is : 2
-----------------------------------------------------------------
U: Up;          D: Down;          TG: Tagged;          UT: Untagged;
```

```
MP: Vlan-mapping;              ST: Vlan-stacking;
#: ProtocolTransparent-vlan;   *: Management-vlan;
--------------------------------------------------------------------

VID  Type    Ports
--------------------------------------------------------------------

1    common  UT:GE0/0/1(D)      GE0/0/2(D)       GE0/0/3(D)     GE0/0/4(D)
                GE0/0/5(D)      GE0/0/6(D)       GE0/0/7(D)     GE0/0/8(D)
                GE0/0/9(D)      GE0/0/10(D)      GE0/0/11(D)    GE0/0/12(D)
                GE0/0/13(D)     GE0/0/14(D)      GE0/0/15(D)    GE0/0/16(D)
                GE0/0/17(D)     GE0/0/18(D)      GE0/0/19(D)    GE0/0/20(D)
                GE0/0/21(D)     GE0/0/22(D)      GE0/0/23(D)    GE0/0/24(D)

100  common  UT:GE0/0/1(D)

             TG:GE0/0/2(D)
```

由以上显示结果可以判断出交换机 GE0/0/1 配置的接口类型为 Access 端口或不带标签的 Hybrid 端口,GE0/0/2 配置的接口类型为 Trunk 端口或带标签的 Hybrid 端口。

5.4 拓 展 训 练

5.4.1 训练目的

本训练要完成跨越多台交换机(交换机设备为 S5700)的二层 VLAN 间主机通信,实现 PC1、PC2 能和 PC3 通信,又能和 PC4 通信,但 PC1、PC2 之间不能通信。要解决这个问题,需要将交换机相关端口配置为 Hybrid 接口类型。

5.4.2 训练拓扑

拓扑结构如图 5-3 所示。

5.4.3 训练要求

1.网络布线

根据网络拓扑图进行网络布线。

2. 实验编址

根据网络拓扑图设计网络设备的 IP 编址,填写表 5-4 所示的地址分配表,根据需要填写,不需要填写处打×。

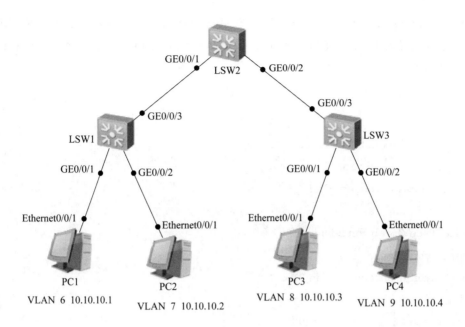

图 5-3 拓扑结构

表 5-4 地址分配表

设备	接口	IP 地址	子网掩码
PC1	Ethernet0/0/1		
PC2	Ethernet0/0/1		
PC3	Ethernet0/0/1		
PC4	Ethernet0/0/1		
LSW1	GE0/0/1		
	GE0/0/2		
	GE0/0/3		
LSW2	GE0/0/1		
	GE0/0/2		
LSW3	GE0/0/1		
	GE0/0/2		
	GE0/0/3		

3. 主要步骤

对交换机端口分别使用 Hybrid 接口类型完成交换机配置。

① 搭建训练环境，配置 PC1、PC2、PC3、PC4 的 IP 地址、子网掩码，所有 PC 地址都在同网段。

② 在交换机 LSW1 上配置。

• 配置交换机名 LSW1 为 SwitchA_1。

• 在交换机 SwitchA_1 上创建 VLAN 6、VLAN 7、VLAN 8、VLAN 9。

- 将 SwitchA_1 的 GE0/0/1 端口配置为 Hybrid 接口类型并加入 VLAN 6，将 GE0/0/2 端口配置为 Hybrid 接口类型并加入 VLAN 7，将 GE0/0/3 端口配置为 Hybrid 接口类型。
- 在交换机 SwitchA_1 上查看 VLAN 配置情况。

```
#
interface GigabitEthernet0/0/1
port hybrid pvid vlan 6
port hybrid untagged vlan 6 8 to 9
#
interface GigabitEthernet0/0/2
port hybrid pvid vlan 7
port hybrid untagged vlan 7 to 9
#
interface GigabitEthernet0/0/3
port hybrid tagged vlan 6 to 9
#
```

③ 在交换机 LSW2 上配置。
- 配置交换机名 LSW2 为 SwitchB_1。
- 在交换机 SwitchB_1 上创建 VLAN 6、VLAN 7、VLAN 8、VLAN 9。
- 将 SwitchB_1 的 GE0/0/1、GE0/0/2 端口配置为 Hybrid 接口类型。
- 在交换机 SwitchB_1 上查看 VLAN 配置情况。

```
#
interface GigabitEthernet0/0/1
port hybrid tagged vlan 6 to 9
#
interface GigabitEthernet0/0/2
port hybrid tagged vlan 6 to 9
#
```

④ 在交换机 LSW3 上配置。
- 配置交换机名 LSW3 为 SwitchC_1。
- 在交换机 SwitchC_1 上创建 VLAN 6、VLAN 7、VLAN 8、VLAN 9。
- 将 SwitchC_1 的 GE0/0/1 端口配置为 Hybrid 接口类型并加入 VLAN 8，将 GE0/0/2 端口配置为 Hybrid 接口类型并加入 VLAN 9，将 GE0/0/3 端口配置为 Hybrid 接口类型。
- 在交换机 SwitchC_1 上查看 VLAN 配置情况。

```
#
interface GigabitEthernet0/0/1
port hybrid pvid vlan 8
port hybrid untagged vlan 6 to 8
#
interface GigabitEthernet0/0/2
port hybrid pvid vlan 9
port hybrid untagged vlan 6 to 7 9
#
interface GigabitEthernet0/0/3
port hybrid tagged vlan 6 to 9
#
```

⑤ 测试主机 PC1、PC2 与 PC3 之间的通信。

⑥ 测试主机 PC1、PC2 与 PC4 之间的通信。

⑦ 测试主机 PC1 与 PC2 之间的通信。

某公司有2个主要的部门:市场部与技术部。这两个部门拥有相同的业务,如上网、VoIP等业务,而各个部门中的用户位于不同的网段。目前存在不同的部门中相同的业务所属的 VLAN 不相同的情况,现需要实现不同 VLAN 中的用户相互通信。市场部和技术部拥有相同的业务(上网业务),但是属于不同的 VLAN 且位于不同的网段。现要求配置 VLANIF 接口,实现市场部与技术部的用户网络互通。

6.1 技术知识

6.1.1 VLANIF 接口

　　三层交换技术是将路由技术与二层交换技术合二为一的技术,在交换机内部实现了路由,提高了网络的整体性能。三层交换机通过路由表传输第一个数据流后,会产生一个MAC 地址与IP 地址的映射表,当同样的数据流再次通过时,将根据此表直接从二层通过而不是通过三层。为了保证第一次数据流通过路由表正常转发,路由表中必须有正确的路由表项,因此必须在三层交换机上部署 VLANIF 接口并部署路由协议,实现三层路由可达。

　　当交换机需要与网络层的设备通信时,可以在交换机上创建基于 VLAN 的逻辑接口,即 VLANIF 接口。VLANIF 接口属于逻辑接口,逻辑接口是指物理上不存在且需要通过配置建立的接口。VLANIF 接口是网络层接口,创建 VLANIF 接口前要先创建对应的VLAN,才可以配置 IP 地址。借助于 VLANIF 接口,交换机才能与其他网络层的设备通信,即实现不同 VLAN 之间相互通信。

6.1.2 配置 VLANIF 接口

　　VLANIF 接口是三层逻辑接口,可以部署在三层交换机上,也可以部署在路由器上。在三层交换机上创建 VLANIF 接口后,可部署三层特性。创建某 VLAN 对应的 VLANIF 接口后,该 VLAN 不能再用作 Sub-VLAN 或主 VLAN。只有先通过 vlan 命令创建了编号是 vlan-id 的 VLAN,才能执行 interface vlanif 命令创建 VLANIF 接口,然后才能进一步配置 IP 地址,这里配置好的 IP 地址是该 VLAN 内所有主机的网关,其命令格式如下。

步骤 1:执行命令 system-view,进入系统视图。

步骤 2:执行命令 interface vlanif **vlan-id**,创建 VLANIF 接口,并进入 VLANIF 接口视图。VLANIF 接口的编号必须对应一个已经创建的 VLAN ID。如果 VLANIF 接口已经存在,interface vlanif 命令只用于进入 VLANIF 接口视图。

步骤 3:执行命令 ip address **ip-address**〔 **mask** ｜ **mask-length**〕,配置 VLANIF 接口的 IP 地址,实现三层互通。

例:配置三层交换机 VLANIF 接口。创建 VLAN 100,VLANIF 接口的 IP 地址为 192.168.100.254,子网掩码为 255.255.255.0。

```
< Huawei > system-view
Enter system view, return user view with Ctrl + Z.
[Huawei]vlan 100
[Huawei-vlan100]quit
[Huawei]interface vlanif100
[Huawei-vlanif100]ip address 192.168.100.254 24
[Huawei-vlanif100]
```

6.1.3　删除 VLANIF 接口

在交换机中创建 VLANIF 接口后,因某一原因不需要此 VLANIF 接口时,可以在系统视图下将其删除,命令格式为 undo interface vlanif **vlan-id**。

例:创建了 VLANIF100,现要把它删除,可使用以下命令。

```
[Huawei]undo interface vlanif100
```

6.2　案 例 配 置

6.2.1　案例需求

案例一:需要 2 台 PC、2 台交换机,要求使用配置 VLANIF 接口,实现技术部(PC6)与市场部(PC7)之间的通信。

案例二:需要 4 台 PC、2 台交换机,要求使用配置 VLANIF 接口,实现技术部(PC1、PC3)与市场部(PC2、PC4)之间的通信。

实训目的:
- 理解数据包跨 VLAN 路由的原理。
- 掌握配置 VLANIF 路由接口的方法。

• 掌握测试多层交换网络连通性的方法。

6.2.2 拓扑设备

案例一:配置拓扑如图 6-1 所示,设备配置地址如表 6-1 所示,本案例所选交换机设备为 2 台 S3700,另有 2 台 PC。其中:LSW5 代表二层交换机,LSW6 代表三层交换机,PC6 代表技术部,PC7 代表市场部。

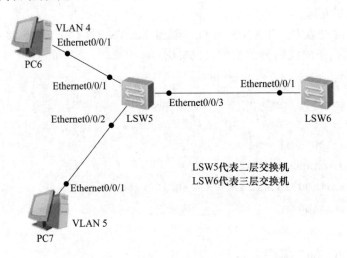

图 6-1   VLAN 间通信拓扑(案例一)

表 6-1   设备配置地址(案例一)

设备	接口	IP 地址	子网掩码	网关
PC6	Ethernet0/0/1	192.168.40.6	255.255.255.0	192.168.40.254
PC7	Ethernet0/0/1	192.168.50.7	255.255.255.0	192.168.50.254
LSW5	×	×	×	×
LSW6	VLANIF4	192.168.40.254	255.255.255.0	×
	VLANIF5	192.168.50.254	255.255.255.0	×

案例二:配置拓扑如图 6-2 所示,设备配置地址如表 6-2 所示,本案例所选交换机设备为 2 台 S3700,另有 4 台 PC。其中:LSW1、LSW2 为交换机设备,PC1、PC3 代表技术部,PC2、PC4 代表市场部。

表 6-2   设备配置地址(案例二)

设备	接口	IP 地址	子网掩码	网关
PC1	Ethernet0/0/1	192.168.30.1	255.255.255.0	192.168.30.254
PC2	Ethernet0/0/1	192.168.20.2	255.255.255.0	192.168.20.254
PC3	Ethernet0/0/1	192.168.30.3	255.255.255.0	192.168.30.254
PC4	Ethernet0/0/1	192.168.20.4	255.255.255.0	192.168.20.254

续 表

设备	接口	IP 地址	子网掩码	网关
LSW1	VLANIF2	192.168.20.254	255.255.255.0	×
	VLANIF3	192.168.30.254	255.255.255.0	×
LSW2	×	×	×	×

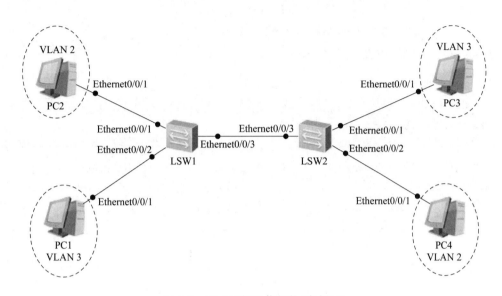

图 6-2　VLAN 间通信拓扑(案例二)

6.2.3 案例实施

1. 案例一 VLAN 间通信实现

(1) 配置用户设备

根据图 6-1 搭建拓扑环境,按照表 6-1 设置 PC6、PC7 的 IP 地址、子网掩码、网关。

(2) 配置交换机 LSW5

① 对交换机 LSW5 命名,并在交换机上创建 VLAN 4,将 Ethernet0/0/1 端口配置为 Access 接口并划分给 VLAN 4。

```
<Huawei>
<Huawei> system-view
Enter system view, return user view with Ctrl + Z.
[Huawei]sysname LSW5
[LSW5]vlan 4
[LSW5-vlan4]quit
[LSW5-Ethernet0/0/1]port link-type access
[LSW5-Ethernet0/0/1]port default vlan 4
[LSW5-Ethernet0/0/1]
```

② 在交换机上创建 VLAN 5，将 Ethernet0/0/2 端口配置为 Access 接口并划分给 VLAN 5。

```
[LSW5]vlan 5
[LSW5-vlan5]quit
[LSW5]interface Ethernet0/0/2
[LSW5-Ethernet0/0/2]port link-type access
[LSW5-Ethernet0/0/2]port default vlan 5
[LSW5-Ethernet0/0/2]
```

③ 配置验证。

```
[LSW5]display vlan
The total number of vlans is : 3
--------------------------------------------------------------------
U: Up;            D: Down;           TG: Tagged;          UT: Untagged;
MP: Vlan-mapping;                    ST: Vlan-stacking;
#: ProtocolTransparent-vlan;         *: Management-vlan;
--------------------------------------------------------------------


VID  Type    Ports
--------------------------------------------------------------------
1    common  UT:Eth0/0/3(U)    Eth0/0/4(D)     Eth0/0/5(D)     Eth0/0/6(D)
                Eth0/0/7(D)     Eth0/0/8(D)     Eth0/0/9(D)     Eth0/0/10(D)
                Eth0/0/11(D)    Eth0/0/12(D)    Eth0/0/13(D)    Eth0/0/14(D)
                Eth0/0/15(D)    Eth0/0/16(D)    Eth0/0/17(D)    Eth0/0/18(D)
                Eth0/0/19(D)    Eth0/0/20(D)    Eth0/0/21(D)    Eth0/0/22(D)
                GE0/0/1(D)      GE0/0/2(D)


4    common  UT:Eth0/0/1(U)


5    common  UT:Eth0/0/2(U)

VID  Status  Property      MAC-LRN  Statistics  Description
--------------------------------------------------------------------


1    enable  default       enable   disable     VLAN 0001
4    enable  default       enable   disable     VLAN 0004
5    enable  default       enable   disable     VLAN 0005
[LSW5]
```

④ 配置交换机 LSW5 的 VLAN 的汇聚链接。

```
[LSW5]interface Ethernet0/0/3
[LSW5-Ethernet0/0/3]port link-type trunk
[LSW5-Ethernet0/0/3]port trunk allow-pass vlan 4 5
[LSW5-Ethernet0/0/3]
```

（3）配置交换机 LSW6

要实现不同 VLAN 之间相互通信,交换机 LSW6 需要做三步配置。首先,创建 VLAN 4、VLAN 5;其次,配置汇聚链接 Trunk 接口;最后,创建 VLANIF 接口及配置 IP 地址、子网掩码。

① 对交换机命名,并创建 VLAN 4、VLAN 5。

```
<Huawei>system-view
Enter system view, return user view with Ctrl + Z.
[Huawei]sysname LSW6
[LSW6]vlan batch 4 5
```

② 配置交换机 LSW6 的 VLAN 的汇聚链接。

```
[LSW6]interface Ethernet0/0/1
[LSW6-Ethernet0/0/1]port link-type trunk
[LSW6-Ethernet0/0/1]port trunk allow-pass vlan 4 5
```

③ 创建 VLANIF 接口及配置 IP 地址、子网掩码。

```
[LSW6]interface vlanif4
[LSW6-vlanif4]
Jul 19 2017 17:19:33-08:00 LSW6  %%01IFNET/4/IF_STATE(1)[0]: Interface
vlanif4 has turned into UP state.
[LSW6-vlanif4]ip address 192.168.40.254 24
[LSW6-vlanif4]interface vlanif5
[LSW6-vlanif5]ip address 192.168.50.254 24
[LSW6-vlanif5]
```

（4）结果验证

配置完成后,在 PC6 命令行窗口运行 ping 命令:PC6 ping PC7。

```
PC>ping 192.168.50.7
Ping 192.168.50.7: 32 data bytes, Press Ctrl_C to break
From 192.168.50.7: bytes = 32 seq = 1 ttl = 127 time = 124 ms
From 192.168.50.7: bytes = 32 seq = 2 ttl = 127 time = 78 ms
From 192.168.50.7: bytes = 32 seq = 3 ttl = 127 time = 94 ms
From 192.168.50.7: bytes = 32 seq = 4 ttl = 127 time = 63 ms
From 192.168.50.7: bytes = 32 seq = 5 ttl = 127 time = 94 ms
```

```
--- 192.168.50.7 ping statistics ---
  5 packet(s) transmitted
  5 packet(s) received
  0.00% packet loss
  round-trip min/avg/max = 63/90/124 ms
PC>
```

2. 案例二 VLAN 间通信实现

（1）配置用户设备

根据图 6-2 搭建拓扑环境，按照表 6-2 设置 PC1、PC2、PC3、PC4 的 IP 地址、子网掩码、网关。

（2）配置交换机 LSW1 的 VLAN

① 在交换机 LSW1 上创建 VLAN 2，将 Ethernet0/0/1 端口配置为 Access 接口并划分给 VLAN 2。

```
<Huawei>system-view   //进入系统视图
[Huawei]sysname LSW1   //修改设备名称
[LSW1]interface Ethernet0/0/1   //进入接口视图
[LSW1-Ethernet0/0/1]port link-type access   //配置端口类型为 Access
[LSW1-Ethernet0/0/1]quit   //退出
[LSW1]vlan 2   //创建 VLAN 2
[LSW1-vlan2]port Ethernet0/0/1   //将 Access 端口加入 VLAN 2
[LSW1-vlan2] quit   //退出
```

② 创建 VLAN 3，将 Ethernet0/0/2 端口配置为 Access 接口并划分给 VLAN 3。

```
[LSW1]interface Ethernet0/0/2   //进入接口视图
[LSW1-Ethernet0/0/2]port link-type access   //配置端口类型为 Access
[LSW1-Ethernet0/0/2]quit   //退出
[LSW1]vlan 3   //创建 VLAN 3
[LSW1-vlan3]port Ethernet0/0/2   //将 Access 端口加入 VLAN 3
```

③ 配置交换机 LSW1 的 VLAN 的汇聚链接。

```
[LSW1]interface Ethernet0/0/3   //进入接口视图
[LSW1-Ethernet0/0/3]port link-type trunk   //配置端口类型为 Trunk
[LSW1-Ethernet0/0/3]port trunk allow-pass vlan 2 to 3   //配置 Trunk 所允许通过
的 VLAN
```

（3）配置交换机 LSW2 的 VLAN

① 创建 VLAN 3，将 Ethernet0/0/1 端口配置为 Access 接口并划分给 VLAN 3。

```
[LSW2]interface Ethernet0/0/1   //进入接口视图
[LSW2-Ethernet0/0/1]port link-type access   //配置端口类型为 Access
```

```
[LSW2-Ethernet0/0/1]vlan 3   //创建 VLAN 3,仿真软件支持以此操作方式创建 VLAN
[LSW2-vlan3]port Ethernet0/0/1   //将 Access 端口加入 VLAN 3
[LSW2-vlan3]quit   //退出
```

② 创建 VLAN 2,将 Ethernet0/0/2 端口配置为 Access 接口并划分给 VLAN 2。

```
[LSW2]interface Ethernet0/0/2   //进入接口视图
[LSW2-Ethernet0/0/2]port link-type access   //配置端口类型为 Access
[LSW2-Ethernet0/0/2]vlan 2   //创建 VLAN 2
[LSW2-vlan2]port Ethernet0/0/2   //将 Access 端口加入 VLAN 2
```

③ 配置交换机 LSW2 的 VLAN 的汇聚链接。

```
[LSW2]interface Ethernet0/0/3   //进入接口视图
[LSW2-Ethernet0/0/3]port link-type trunk   //配置端口类型为 Trunk
[LSW2-Ethernet0/0/3]port trunk allow-pass vlan 2   //配置 Trunk 允许 VLAN 2 通过
[LSW2-Ethernet0/0/3]port trunk allow-pass vlan 3   //配置 Trunk 允许 VLAN 3 通过
```

（4）过程验证

通过上面的实验操作,技术部与市场部之间不能通信,但每个部门内部可以相互通信。在 PC1 命令行窗口运行 ping 命令:PC1 ping 通 PC3,PC1 ping 不通 PC2、PC4。

PC1 ping 通 PC3 验证显示:

```
PC>ping 192.168.30.3
Ping 192.168.30.3: 32 data bytes, Press Ctrl_C to break
From 192.168.30.3: bytes = 32 seq = 1 ttl = 128 time = 78 ms
From 192.168.30.3: bytes = 32 seq = 2 ttl = 128 time = 46 ms
From 192.168.30.3: bytes = 32 seq = 3 ttl = 128 time = 62 ms
From 192.168.30.3: bytes = 32 seq = 4 ttl = 128 time = 62 ms
From 192.168.30.3: bytes = 32 seq = 5 ttl = 128 time = 63 ms
--- 192.168.30.3 ping statistics ---
  5 packet(s) transmitted
  5 packet(s) received
  0.00% packet loss
  round-trip min/avg/max = 46/62/78 ms
```

PC1 ping 不通 PC2 验证显示:

```
PC>ping 192.168.20.2
Ping 192.168.20.2: 32 data bytes, Press Ctrl_C to break
From 192.168.30.1: Destination host unreachable
```

（5）创建 VLANIF 接口

在交换机 LSW1 上创建 VLANIF 接口,并配置 IP 地址。

```
[LSW1]interface vlanif2
[LSW1-vlanif2]ip address 192.168.20.254 24
[LSW1]interface vlanif3
[LSW1-vlanif3]ip address 192.168.30.254 24
```

（6）设置网关地址

设置 PC1、PC2、PC3、PC4 的网关地址。VLANIF 接口的 IP 地址作为主机的网关 IP 地址，和主机的 IP 地址必须位于同一网段。

（7）结果验证

在 PC1 命令行窗口运行 ping 命令：PC1 ping PC2、PC4。

PC1 ping PC2 验证显示：

```
PC > ping 192.168.20.2
Ping 192.168.20.2：32 data bytes, Press Ctrl_C to break
From 192.168.20.2：bytes = 32 seq = 1 ttl = 127 time = 47 ms
From 192.168.20.2：bytes = 32 seq = 2 ttl = 127 time = 47 ms
From 192.168.20.2：bytes = 32 seq = 3 ttl = 127 time = 31 ms
From 192.168.20.2：bytes = 32 seq = 4 ttl = 127 time = 47 ms
From 192.168.20.2：bytes = 32 seq = 5 ttl = 127 time = 47 ms
--- 192.168.20.2 ping statistics ---
  5 packet(s) transmitted
  5 packet(s) received
  0.00 % packet loss
  round-trip min/avg/max = 31/43/47 ms
```

PC1 ping PC4 验证显示：

```
PC > ping 192.168.20.4
Ping 192.168.20.4：32 data bytes, Press Ctrl_C to break
From 192.168.20.4：bytes = 32 seq = 1 ttl = 127 time = 78 ms
From 192.168.20.4：bytes = 32 seq = 2 ttl = 127 time = 78 ms
From 192.168.20.4：bytes = 32 seq = 3 ttl = 127 time = 78 ms
From 192.168.20.4：bytes = 32 seq = 4 ttl = 127 time = 78 ms
From 192.168.20.4：bytes = 32 seq = 5 ttl = 127 time = 62 ms
--- 192.168.20.4 ping statistics ---
  5 packet(s) transmitted
  5 packet(s) received
  0.00 % packet loss
  round-trip min/avg/max = 62/74/78 ms
```

结果显示：不同 VLAN 间可以相互通信。

6.3　常见问题与分析

在做三层 VLAN 间通信实验的过程中,有时用户忘记配置主机网关地址,导致不同 VLAN 之间不能相互通信,请问网关在这个过程中起到什么作用?

解析:同一 VLAN、同一网段主机之间相互通信属于数据链路层设备之间通信,不需要网关,只要在同一 VLAN、主机 IP 地址在同一子网就可以相互通信。

不同 VLAN、不同网段之间相互通信属于网络层设备之间相互通信,这时就需要网关。不同 VLAN、不同子网中相互通信的设备可以使用三层交换机或路由器,它们之间的报文转发过程中,首先需要确定转发路径以及通往目的网段的接口,然后将报文封装在以太帧中通过指定的物理接口转发出去。如果目的主机与源主机不在同一网段,则报文需要先转发到网关,然后通过网关将报文转发到目的网段。

网关是指接收并处理本地网段主机发送的报文并转发到目的网段的设备。为实现此功能,网关必须知道目的网段的 IP 地址。网关设备上连接本地网段的接口地址即为该网段的网关地址。

6.4　拓　展　训　练

6.4.1　训练目的

本训练要完成跨越多台交换机的三层 VLAN 间主机通信,实现 PC8、PC9、PC10、PC11 之间相互通信。要解决这个问题,需要掌握交换机相关端口的配置以及学会创建 VLANIF 接口。

6.4.2　训练拓扑

拓扑结构如图 6-3 所示。

6.4.3　训练要求

1. 网络布线
根据网络拓扑图进行网络布线。

2. 实验编址
根据网络拓扑图设计网络设备的 IP 编址,填写表 6-3 所示的地址分配表,根据需要填写,不需要填写处打×。

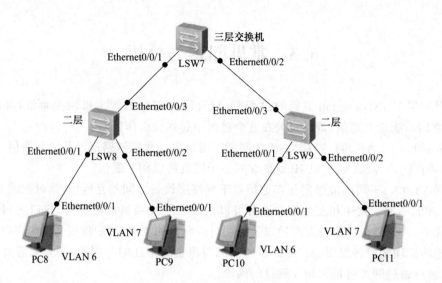

图 6-3 拓扑结构

表 6-3 地址分配表

设备	接口	IP 地址	子网掩码	网关
PC8	Ethernet0/0/1			
PC9	Ethernet0/0/1			
PC10	Ethernet0/0/1			
PC11	Ethernet0/0/1			
LSW7	VLANIF6			
	VLANIF7			
LSW8	×			
LSW9	×			

3. 主要步骤

① 搭建训练环境,设置 PC8、PC9、PC10、PC11 的 IP 地址、子网掩码以及网关。

② 在交换机 LSW7 上配置。

• 配置交换机名 LSW7。

• 在交换机 LSW7 上创建 VLAN 6、VLAN 7。

• 将 LSW7 的 Ethernet0/0/1 和 Ethernet0/0/2 端口配置为 Trunk 接口类型。

• 创建 VLANIF 接口并配置 IP 地址、子网掩码。

• 在交换机 LSW7 上查看 VLAN 和 VLANIF 接口配置情况。

③ 在交换机 LSW8 上配置。

• 配置交换机名 LSW8。

• 在交换机 LSW8 上创建 VLAN 6、VLAN 7。

• 将 LSW8 的 Ethernet0/0/3 端口配置为 Trunk 接口类型,将 Ethernet0/0/1 和 Ethernet0/0/2 端口配置为 Access 接口类型。

- 在交换机 LSW8 上查看 VLAN 配置情况。

④ 在交换机 LSW9 上配置。

- 配置交换机名 LSW9。
- 在交换机 LSW9 上创建 VLAN 6、VLAN 7。
- 将 LSW8 的 Ethernet0/0/3 端口配置为 Trunk 接口类型，将 Ethernet0/0/1 和 Ethernet0/0/2 端口配置为 Access 接口类型。
- 在交换机 LSW9 上查看 VLAN 配置情况。

⑤ 测试主机 PC8 与 PC9、PC10、PC11 之间的通信。

某公司有 1 个主要的部门：技术部。这个部门的计算机网络通过两台交换机互连组成内部局域网，为了提高网络的可靠性，网络管理员用 2 条链路将交换机互连，现要在交换机上做适当配置，使网络避免环路，同时要使部门内部网络相互通信。

7.1 技 术 知 识

7.1.1 生成树协议

生成树协议（Spanning Tree Protocol，STP）是一种用于解决二层交换网络的协议，在二层交换网络中，一旦存在环路就会造成报文在环路内不断循环和增生，产生广播风暴，从而占用所有的有效带宽，使网络变得不可用。通过生成树协议可以有选择地阻塞网络冗余链路，达到消除网络二层环路的目的，同时具备了链路备份的功能。

7.1.2 基本术语

STP 主要用于在存在环路结构的二层网络中构建一个无环的树形的二层拓扑，协议由 IEEE 802.1D 定义。

1. 交换机 MAC 地址

每台交换机都有一个 MAC 地址，交换机可以把 MAC 地址用于不同的用途。

2. 桥 ID(Bridge ID)

一个"桥 ID"由两部分组成，即优先级和 MAC 地址，前 16 位是交换机的优先级值，后 48 位表示交换机的 MAC 地址。比较桥 ID 的大小，值越小越优先，先比较优先级值的大小，如果优先级值一样再比较 MAC 地址。所有交换机上默认的优先级值都一样，是 32768，除非网络管理员手动修改为其他值。本章中涉及"桥"的概念描述都可以描述为"交换机"，例如，上述"桥 ID"也可以描述为"交换机 ID"，"根桥"也可以描述为"根交换机"等。

3. 链路开销

链路开销即该路径经过的所有端口的开销总和。端口开销表示数据从该端口发送时的开销值，即出端口的开销，而接收数据的端口是没有开销的。端口的开销和端口的带宽有关，带宽越高，链路的速率越高，它的开销越低。

4. 桥协议数据单元

桥协议数据单元(Bridge Protocol Data Unit,BPDU)这种数据帧中包含了所有 STP 选举所需要的信息，包括根网桥的优先级值、根网桥的 MAC、交换机去往根网桥的链路开销等。

7.1.3　STP 的工作流程

STP 的选举过程主要按照下面 4 个步骤进行操作。

步骤 1(选举根网桥)：根网桥也称根交换机或根(网)桥，是交换网络中的一台交换机，每个 STP 网络中有且仅有一台根网桥，桥 ID 数值最小的当选。

步骤 2(选举根端口)：非根交换机在自己的所有端口中选择出距离根网桥最近的端口。选择根路径开销(Root Path Cost,RPC)最低的端口；若有多个端口的 RPC 相等，则选择对端桥 ID 最低的端口；若有多个端口的对端桥 ID 相等，则选择对端端口 ID 最低的端口。选举根端口的初衷是选举出 STP 网络中每台交换机上与根交换机通信效率最高的端口。

步骤 3(选举指定端口)：在位于同一网段的所有端口中选择出一个距离根网桥最近的端口，也就是两台直连交换机的端口中距离根网桥最近的那一个端口。选择 RPC 最低的端口；若有多个端口的 RPC 相等，则选择桥 ID 最低的端口；若有多个端口的桥 ID 相等，则选择端口 ID 最低的端口。

步骤 4(阻塞剩余端口)：在选出根端口和指定端口后，将 STP 网络中除根端口和指定端口以外的其他所有端口置于阻塞状态。

7.1.4　STP 端口角色

STP 配置完成后，STP 端口角色主要包括根端口、指定端口、预备端口。

根端口(Root Port,ROOT)：根端口是非根交换机上距离根网桥最近的端口，处于转发状态(FORWARDING)。

指定端口(Designated Port,DESI)：指定端口是每个网段中距离根网桥最近的端口，处于转发状态(FORWARDING)。根网桥上的所有端口都是指定端口，根网桥自身存在物理端口的情况例外。

预备端口(Alternate Port,ALTE)：预备端口是指一个 STP 域中既不是根端口，也不是指定端口的端口。预备端口会处于逻辑的阻塞状态(DISCARDING)，这类端口不会接收或发送任何数据，但会监听 BPDU。在网络因为一些端口出现故障时，STP 会让预备端口开始转发数据，以此恢复网络的正常通信。

7.1.5 命令行视图

1. STP 命令格式

STP 的配置过程如表 7-1 所示。

表 7-1　STP 的配置过程

步骤	命令	解释
1	system-view	进入系统视图
2	stp enable	启用 STP
3	stp mode stp	配置 STP 工作模式
4	stp priority **priority**	配置交换设备在系统中的优先级。缺省情况下,交换设备的优先级取值是 32768。如果为当前设备配置系统优先级的目的是配置当前设备为根桥设备,则可以直接选择执行命令 stp root primary,配置后该设备优先级数值自动为 0 执行命令 stp root secondary 可以配置当前交换设备为备份根桥设备,配置后该设备优先级数值自动为 4096 同一台交换设备不能既作为根桥又作为备份根桥
5	stp cost **value**	配置端口开销,华为交换机默认使用 802.1t(dot1t)作为开销计算标准,千兆端口开销是 20000

2. 检查配置结果

STP 配置成功后,检查配置步骤如表 7-2 所示。

表 7-2　STP 的检查配置步骤

序号	命令	解释
1	display stp[interface **interface-type interface-number**][brief]	查看生成树的状态信息与统计信息

7.2 案例配置

7.2.1 案例需求

本案例需要 2 台交换机,2 台 PC,组成环路网络。其中:PC1 代表市场部,PC2 代表技术部。

实训目的:

- 理解 STP 的选举过程。
- 掌握 STP 的配置命令。
- 掌握修改网桥优先级影响根网桥选举的方法。

- 掌握影响根端口和指定端口选举的方法。

7.2.2 拓扑设备

　　配置拓扑如图 7-1 所示,设备配置地址如表 7-3 所示,本案例所选交换机设备为 2 台 S5700,另有 2 台终端设备 PC。

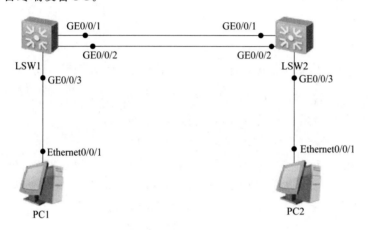

图 7-1　STP 拓扑结构

表 7-3　设备配置地址

设备	接口	IP 地址	子网掩码	网关
PC1	Ethernet0/0/1	12.1.1.11	255.255.255.0	×
PC2	Ethernet0/0/1	12.1.1.22	255.255.255.0	×
LSW1	GE0/0/1	×	×	×
	GE0/0/2	×	×	×
	GE0/0/3	×	×	×
LSW2	GE0/0/1	×	×	×
	GE0/0/2	×	×	×
	GE0/0/3	×	×	×

7.2.3 案例实施

1. 配置 STP

配置交换机运行基本的 STP 模式,主要命令如下。

```
<Huawei>system-view   //配置 LSW1 交换机
Enter system view, return user view with Ctrl+Z.
[Huawei]sysname LSW1
[LSW1]stp enable
```

```
[LSW1]stp mode stp


<Huawei>system-view   //配置 LSW2 交换机
Enter system view, return user view with Ctrl + Z.
[Huawei]sysname LSW2
[LSW2]stp enable
[LSW2]stp mode stp
```

2. 检验配置

查看 STP 的状态信息。使用 display stp 命令查看显示大量与 STP 有关的信息。

```
[LSW1]display stp
  -------[CIST Global Info][Mode STP]-------
CIST Bridge              :32768.4c1f-ccd2-2008
Config Times            :Hello 2s MaxAge 20s FwDly 15s MaxHop 20
Active Times            :Hello 2s MaxAge 20s FwDly 15s MaxHop 20
CIST Root/ERPC          :32768.4c1f-cc07-3475 / 20000
CIST RegRoot/IRPC       :32768.4c1f-ccd2-2008 / 0
CIST RootPortId         :128.1
BPDU-Protection         :Disabled
TC or TCN received      :35
TC count per hello      :0
STP Converge Mode       :Normal
Time since last TC      :0 days 0h:0m:49s
Number of TC            :4
Last TC occurred        :GigabitEthernet0/0/1
  ----[Port1(GigabitEthernet0/0/1)][FORWARDING]----
Port Protocol           :Enabled
Port Role               :Root Port
Port Priority           :128
Port Cost(Dot1T )       :Config = auto / Active = 20000
Designated Bridge/Port  :32768.4c1f-cc07-3475 / 128.1
Port Edged              :Config = default / Active = disabled
Point-to-point          :Config = auto / Active = true
Transit Limit           :147 packets/hello-time
Protection Type         :None
Port STP Mode           :STP
Port Protocol Type      :Config = auto / Active = dot1s
BPDU Encapsulation      :Config = stp / Active = stp
PortTimes               :Hello 2s MaxAge 20s FwDly 15s RemHop 0
```

```
TC or TCN send                    :3
TC or TCN received                :18
BPDU Sent                         :18
        TCN：0，Config：18，RST：0，MST：0
BPDU Received                     :40
        TCN：0，Config：40，RST：0，MST：0
----[Port2(GigabitEthernet0/0/2)][DISCARDING]----
Port Protocol                     :Enabled
Port Role                         :Alternate Port
Port Priority                     :128
Port Cost(Dot1T )                 :Config = auto / Active = 20000
Designated Bridge/Port            :32768.4c1f-cc07-3475 / 128.2
Port Edged                        :Config = default / Active = disabled
Point-to-point                    :Config = auto / Active = true
Transit Limit                     :147 packets/hello-time
Protection Type                   :None
Port STP Mode                     :STP
Port Protocol Type                :Config = auto / Active = dot1s
BPDU Encapsulation                :Config = stp / Active = stp
PortTimes                         :Hello 2s MaxAge 20s FwDly 15s RemHop 0
TC or TCN send                    :5
TC or TCN received                :17
BPDU Sent                         :20
        TCN：0，Config：20，RST：0，MST：0
BPDU Received                     :42
        TCN：0，Config：42，RST：0，MST：0
----[Port3(GigabitEthernet0/0/3)][FORWARDING]----
Port Protocol                     :Enabled
Port Role                         :Designated Port
Port Priority                     :128
Port Cost(Dot1T )                 :Config = auto / Active = 20000
Designated Bridge/Port            :32768.4c1f-ccd2-2008 / 128.3
Port Edged                        :Config = default / Active = disabled
Point-to-point                    :Config = auto / Active = true
Transit Limit                     :147 packets/hello-time
Protection Type                   :None
Port STP Mode                     :STP
Port Protocol Type                :Config = auto / Active = dot1s
```

```
BPDU Encapsulation              :Config = stp / Active = stp
PortTimes                       :Hello 2s MaxAge 20s FwDly 15s RemHop 20
TC or TCN send                  :38
TC or TCN received              :0
BPDU Sent                       :62
          TCN: 0, Config: 62, RST: 0, MST: 0
---- More ----
```

3. 修改桥优先级，控制根桥选举

在 LSW1 上修改桥优先级，配置 LSW1 为根桥。

```
[LSW1]stp priority 0   //配置桥优先级，优先级的范围是 0~61440，输入的值必须是
4096 的倍数
[LSW1]display stp
-------[CIST Global Info][Mode STP]-------
CIST Bridge                     :0      .4c1f-ccd2-2008
Config Times                    :Hello 2s MaxAge 20s FwDly 15s MaxHop 20
Active Times                    :Hello 2s MaxAge 20s FwDly 15s MaxHop 20
CIST Root/ERPC                  :0      .4c1f-ccd2-2008 / 0
CIST RegRoot/IRPC               :0      .4c1f-ccd2-2008 / 0
CIST RootPortId                 :0.0
BPDU-Protection                 :Disabled
TC or TCN received              :35
TC count per hello              :0
STP Converge Mode               :Normal
Time since last TC              :0 days 0h:3m:6s
Number of TC                    :4
Last TC occurred                :GigabitEthernet0/0/1
----[Port1(GigabitEthernet0/0/1)][DISCARDING]----
Port Protocol                   :Enabled
Port Role                       :Designated Port
Port Priority                   :128
Port Cost(Dot1T )               :Config = auto / Active = 20000
Designated Bridge/Port          :0.4c1f-ccd2-2008 / 128.1
Port Edged                      :Config = default / Active = disabled
Point-to-point                  :Config = auto / Active = true
Transit Limit                   :147 packets/hello-time
Protection Type                 :None
---- More ----
```

4. 修改端口优先级,控制根端口和指定端口的选举

查看 STP 摘要信息。

```
[LSW1]display stp brief
MSTID    Port                      Role    STP State    Protection
   0     GigabitEthernet0/0/1      DESI    FORWARDING   NONE
   0     GigabitEthernet0/0/2      DESI    FORWARDING   NONE
   0     GigabitEthernet0/0/3      DESI    FORWARDING   NONE
[LSW2]display stp brief
MSTID    Port                      Role    STP State    Protection
   0     GigabitEthernet0/0/1      ROOT    FORWARDING   NONE
   0     GigabitEthernet0/0/2      ALTE    DISCARDING   NONE
   0     GigabitEthernet0/0/3      DESI    FORWARDING   NONE
```

修改 LSW1 上端口的优先级,让 LSW2 的 GE0/0/2 端口成为根端口。在 LSW1 上有两种方法可以调整:将 GE0/0/2 端口优先级调小;将 GE0/0/1 端口优先级调大。

① 将 GE0/0/2 端口优先级调小。原来端口优先级默认为 128,端口设置优先级需要按照 16 的倍数调整,如将 GE0/0/2 端口优先级调为 32。

```
[LSW1]interface GigabitEthernet0/0/2
[LSW1-GigabitEthernet0/0/2]stp port priority 32

[LSW2]display stp brief   //查看 GE0/0/2 成为根端口
MSTID    Port                      Role    STP State    Protection
   0     GigabitEthernet0/0/1      ALTE    DISCARDING   NONE
   0     GigabitEthernet0/0/2      ROOT    FORWARDING   NONE
   0     GigabitEthernet0/0/3      DESI    FORWARDING   NONE
```

② 将 GE0/0/1 端口优先级调大,调整为 144。

恢复 LSW1 GE0/0/2 端口优先级默认值。

```
[LSW1]interface GigabitEthernet0/0/2
[LSW1-GigabitEthernet0/0/2]stp port priority 128   //恢复端口优先级默认值
```

查看 LSW2 STP 端口状态。

```
[LSW2]display stp brief
MSTID    Port                      Role    STP State    Protection
   0     GigabitEthernet0/0/1      ROOT    FORWARDING   NONE
   0     GigabitEthernet0/0/2      ALTE    DISCARDING   NONE
   0     GigabitEthernet0/0/3      DESI    FORWARDING   NONE
```

在 LSW1 上将 GE0/0/1 端口优先级调大。

```
[LSW1]interface GigabitEthernet0/0/1
[LSW1-GigabitEthernet0/0/1]stp port priority 144
```

再一次查看 LSW2 STP 端口状态,此时 GE0/0/2 为根端口。

```
[LSW2]display stp brief   //查看 GE0/0/2 成为根端口
MSTID   Port                          Role   STP State    Protection
  0     GigabitEthernet0/0/1          ALTE   DISCARDING   NONE
  0     GigabitEthernet0/0/2          ROOT   DISCARDING   NONE
  0     GigabitEthernet0/0/3          DESI   FORWARDING   NONE
```

5. 修改端口开销,控制根端口和指定端口的选举

在 LSW2 上修改端口开销,让 LSW2 的 GE0/0/2 端口成为根端口。如果执行了上面的配置,需要在 LSW1 上将 GE0/0/1 端口优先级恢复为默认值。

查看 LSW2 STP 端口状态。

```
[LSW2]display stp brief   //查看 GE0/0/1 成为根端口
MSTID   Port                          Role   STP State    Protection
  0     GigabitEthernet0/0/1          ROOT   DISCARDING   NONE
  0     GigabitEthernet0/0/2          ALTE   DISCARDING   NONE
  0     GigabitEthernet0/0/3          DESI   FORWARDING   NONE
```

在 LSW2 上修改端口优先级,让 LSW2 的 GE0/0/2 端口选举为根端口。在 LSW2 上有两种方法可以调整:将 GE0/0/1 端口开销调大;将 GE0/0/2 端口开销调小。

① 将 GE0/0/1 端口开销调大,选举 GE0/0/2 端口为根端口。

```
[LSW2]display stp interface GigabitEthernet0/0/1
-------[CIST Global Info][Mode STP]-------
CIST Bridge          :32768.4c1f-cc07-3475
Config Times         :Hello 2s MaxAge 20s FwDly 15s MaxHop 20
Active Times         :Hello 2s MaxAge 20s FwDly 15s MaxHop 20
CIST Root/ERPC       :0    .4c1f-ccd2-2008 / 20000
CIST RegRoot/IRPC    :32768.4c1f-cc07-3475 / 0
CIST RootPortId      :128.1
BPDU-Protection      :Disabled
TC or TCN received   :275
TC count per hello   :0
STP Converge Mode    :Normal
Time since last TC   :0 days 0h:6m:25s
Number of TC         :29
Last TC occurred     :GigabitEthernet0/0/1
----[Port1(GigabitEthernet0/0/1)][FORWARDING]----
Port Protocol        :Enabled
```

```
Port Role                 :Root Port
Port Priority             :128
Port Cost(Dot1T )         :Config = auto / Active = 20000   //GE0/0/1 的 端 口 开 销
是 20000
Designated Bridge/Port:0.4c1f-ccd2-2008 / 128.1
Port Edged                :Config = default / Active = disabled
Point-to-point            :Config = auto / Active = true
Transit Limit             :147 packets/hello-time
Protection Type           :None
   --- -More ----


[LSW2]display stp interface GigabitEthernet0/0/2
   ------[CIST Global Info][Mode STP]-------
CIST Bridge               :32768.4c1f-cc07-3475
Config Times              :Hello 2s MaxAge 20s FwDly 15s MaxHop 20
Active Times              :Hello 2s MaxAge 20s FwDly 15s MaxHop 20
CIST Root/ERPC            :0    .4c1f-ccd2-2008 / 20000
CIST RegRoot/IRPC         :32768.4c1f-cc07-3475 / 0
CIST RootPortId           :128.1
BPDU-Protection           :Disabled
TC or TCN received        :275
TC count per hello        :0
STP Converge Mode         :Normal
Time since last TC        :0 days 0h:12m:55s
Number of TC              :29
Last TC occurred          :GigabitEthernet0/0/1
   ----[Port2(GigabitEthernet0/0/2)][DISCARDING]----
Port Protocol             :Enabled
Port Role                 :Alternate Port
Port Priority             :128
Port Cost(Dot1T )         :Config = auto / Active = 20000   //GE0/0/2 的 端 口 开 销 是
20000
Designated Bridge/Port:0.4c1f-ccd2-2008 / 128.2
Port Edged                :Config = default / Active = disabled
Point-to-point            :Config = auto / Active = true
Transit Limit             :147 packets/hello-time
Protection Type           :None
   ---- More ----
```

以上信息显示：GE0/0/1 的端口开销和 GE0/0/2 的端口开销都是 20000，由于桥 ID 一样，从 GE0/0/1 端口收到的 BPDU 包中端口 ID 较小，因此 GE0/0/1 端口被选举为根端口。在 LSW2 的 GE0/0/1 端口下修改端口开销为 50000，大于 GE0/0/2 的端口开销，选举 GE0/0/2 端口为根端口。

```
[LSW2]interface GigabitEthernet0/0/1
[LSW2-GigabitEthernet0/0/1]stp cost 50000
[LSW2]display stp
-------[CIST Global Info][Mode STP]-------
CIST Bridge                 :32768.4c1f-cc07-3475
Config Times                :Hello 2s MaxAge 20s FwDly 15s MaxHop 20
Active Times                :Hello 2s MaxAge 20s FwDly 15s MaxHop 20
CIST Root/ERPC              :0     .4c1f-ccd2-2008 / 20000
CIST RegRoot/IRPC           :32768.4c1f-cc07-3475 / 0
CIST RootPortId             :128.2
BPDU-Protection             :Disabled
TC or TCN received          :310
TC count per hello          :0
STP Converge Mode           :Normal
Time since last TC          :0 days 0h:2m:16s
Number of TC                :31
Last TC occurred            :GigabitEthernet0/0/2
----[Port1(GigabitEthernet0/0/1)][DISCARDING]----
Port Protocol               :Enabled
Port Role                   :Alternate Port
Port Priority               :128
Port Cost(Dot1T )           :Config = 50000 / Active = 50000
Designated Bridge/Port      :0.4c1f-ccd2-2008 / 128.1
Port Edged                  :Config = default / Active = disabled
Point-to-point              :Config = auto / Active = true
Transit Limit               :147 packets/hello-time
Protection Type             :None
Port STP Mode               :STP
Port Protocol Type          :Config = auto / Active = dot1s
BPDU Encapsulation          :Config = stp / Active = stp
PortTimes                   :Hello 2s MaxAge 20s FwDly 15s RemHop 0
TC or TCN send              :38
TC or TCN received          :126
BPDU Sent                   :163
```

```
        TCN：3，Config：160，RST：0，MST：0
BPDU Received                    :8054
        TCN：0，Config：8054，RST：0，MST：0
---- [Port2(GigabitEthernet0/0/2)][FORWARDING] ----
Port Protocol               :Enabled
Port Role                   :Root Port
Port Priority               :128
Port Cost(Dot1T )           :Config = auto / Active = 20000
Designated Bridge/Port      :0.4c1f-ccd2-2008 / 128.2
Port Edged                  :Config = default / Active = disabled
Point-to-point              :Config = auto / Active = true
Transit Limit               :147 packets/hello-time
Protection Type             :None
Port STP Mode               :STP
Port Protocol Type          :Config = auto / Active = dot1s
BPDU Encapsulation          :Config = stp / Active = stp
PortTimes                   :Hello 2s MaxAge 20s FwDly 15s RemHop 0
---- More ----
```

修改端口开销后，GE0/0/2 端口被选举为根端口。

```
[LSW2]display stp brief
MSTID  Port                      Role  STP State    Protection
  0    GigabitEthernet0/0/1      ALTE  DISCARDING   NONE
  0    GigabitEthernet0/0/2      ROOT  FORWARDING   NONE
  0    GigabitEthernet0/0/3      DESI  FORWARDING   NONE
```

② 将 GE0/0/2 端口开销调小，如果已经将 GE0/0/1 端口开销调大，则需要将其恢复为默认值，然后将 GE0/0/2 端口开销调小为 10000，选举 GE0/0/2 端口为根端口。

```
[LSW2]interface GigabitEthernet0/0/1  //恢复端口开销为默认值
[LSW2-GigabitEthernet0/0/1]stp cost 20000

[LSW2]display stp brief
MSTID  Port                      Role  STP State    Protection
  0    GigabitEthernet0/0/1      ROOT  DISCARDING   NONE
  0    GigabitEthernet0/0/2      ALTE  DISCARDING   NONE
  0    GigabitEthernet0/0/3      DESI  FORWARDING   NONE
[LSW2]interface GigabitEthernet0/0/2
[LSW2-GigabitEthernet0/0/2]stp cost 10000  //将端口开销修改为 10000，小于
GE0/0/1 端口
[LSW2-GigabitEthernet0/0/2]quit
```

```
[LSW2]display stp brief   //查看根端口为 GE0/0/2
MSTID  Port                     Role  STP State   Protection
   0   GigabitEthernet0/0/1     ALTE  DISCARDING    NONE
   0   GigabitEthernet0/0/2     ROOT  DISCARDING    NONE
   0   GigabitEthernet0/0/3     DESI  DISCARDING    NONE
```

7.3 常见问题与分析

① 根路径开销和路径开销的区别是什么？

解析：根路径开销是到根桥的路径的总开销，而路径开销指的是交换机端口的开销。

② 根桥产生故障后，其他交换机会被选举为根桥，那么原来的根桥恢复正常之后，网络又会发生什么变化？

解析：如果生成树网络里面根桥发生了故障，则其他交换机中优先级较高的交换机会被选举为新的根桥。如果原来的根桥再次激活，则网络会根据 BID 来重新选举新的根桥。

7.4 拓 展 训 练

7.4.1 训练目的

理解生成树协议的工作原理；配置 3 台交换机之间的冗余主干道，对运行的生成树协议进行诊断。

7.4.2 训练拓扑

拓扑结构如图 7-2 所示。图 7-2 中 LSW3、LSW4、LSW5 为 S5700，其中 LSW3 作为三层交换机，LSW4 和 LSW5 作为二层交换机。对交换机进行 STP 配置，并运行相关命令对其进行诊断，同时实现全网互通。

7.4.3 训练要求

1. 网络布线

根据网络拓扑图进行网络布线。

2. 实验编址

根据网络拓扑图设计网络设备的 IP 编址，填写表 7-4 所示的地址分配表，根据需要填写，不需要填写处打×。

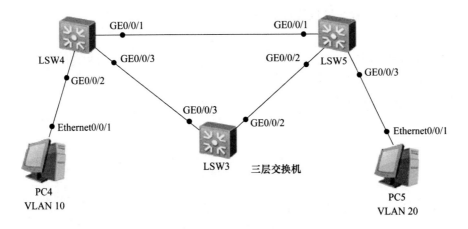

图 7-2　拓扑结构

表 7-4　地址分配表

设备	接口	IP 地址	子网掩码	网关	接口类型
LSW3	GE0/0/2				
	GE0/0/3				
	VLANIF10				
	VLANIF20				
LSW4	GE0/0/1				
	GE0/0/2				
	GE0/0/3				
LSW5	GE0/0/1				
	GE0/0/2				
	GE0/0/3				
PC4	Ethernet0/0/1				
PC5	Ethernet0/0/1				

3. 主要步骤

① 搭建训练环境,设置 PC4、PC5 的 IP 地址、子网掩码以及网关。

② 在交换机 LSW4 上配置。

- 配置交换机名。

- 创建 VLAN,配置交换机接口类型。

- 配置交换机 STP。

③ 在交换机 LSW5 上配置。

- 配置交换机名。

- 创建 VLAN,配置交换机接口类型。

- 配置交换机 STP。

④ 在交换机 LSW3 上配置。

- 配置交换机名。

- 创建 VLAN,配置交换机接口类型。
- 配置交换机虚拟端口。
- 配置交换机 STP。
⑤ 查看运行生成树协议,并进行诊断。
⑥ 验证测试。PC4 ping 通 PC5。

路由基础篇

第8章 路由器的基本配置

某 IT 公司网络中心管理员设置了中心路由器口令后,很长时间没有登录路由器,由于时间较长而忘记了密码,当再次登录设备时无法正常访问路由器,而和路由器相连的各网段和网络能够正常工作。于是该管理员利用周末时间,试图对这台路由器进行口令恢复。本章重点讲解路由器密码丢失后,如何解决密码的恢复问题。

8.1 技 术 知 识

8.1.1 路由概述

以太网交换机工作在数据链路层,用于在网络内进行数据转发。而企业网络的拓扑结构一般比较复杂,不同的部门或者总部和分支可能处在不同的网络中,此时就需要使用路由器来连接不同的网络,实现网络之间的数据转发。

路由器是网络层设备中最典型的,它决定了数据包在网络中传输的路径。路由器在接收到数据包时,会查看它的目的网络层地址,然后根据路由表的本地数据库来判断如何转发这个数据包。路由器与路由器之间进行数据传输必须执行路由协议标准,以便路由器之间同步信息。

简单地说,路由器根据路由表和数据包的目的地址来决定如何转发数据包。在现实生活中多数人都用过手机导航软件,通过导航软件查找目的地,数据包中的目的地址好比导航软件中的目的地,而路由表就是导航软件中的数据库。

8.1.2 路由表

路由表是路由器转发数据包的数据库,当路由器接收到一个数据包时,它会用数据包的目的 IP 地址去匹配路由表中的路由条目,然后根据匹配条目的路由参数决定如何转发这个数据包。

查看路由器的路由表十分简单,管理员只需在系统视图下输入命令 display ip routing-table 就可以让华为路由器显示自己的路由表。

8.1.3 路由选路

路由器负责为数据包选择一条最优路径,并进行转发。路由器收到数据包后,会根据数据包中的目的 IP 地址选择一条最优的路径,并将数据包转发到下一个路由器,路径上最后的路由器负责将数据包送交目的主机。数据包在网络上的传输就好比体育运动中的接力赛,每一个路由器负责将数据包按照最优的路径向下一跳路由器进行转发,通过多个路由器一站一站地"接力",最终将数据包通过最优路径转发到目的地。当然有时候由于实施了一些特别的路由策略,数据包通过的路径并不一定是最佳的。

路由器能够决定数据报文的转发路径。如果有多条路径可以到达目的地,则路由器会通过计算来决定最佳下一跳,计算的原则会随实际使用的路由协议不同而不同。

8.1.4 路由信息的来源

从路由器向路由表中填充路由条目的方式看,路由信息的来源可以分为 3 种,分别是直连路由(Direct)、静态路由(Static)、动态路由(OSPF、RIP 等)。

直连路由:通过链路层协议发现的路由。只要连接该网络的接口状态正常,管理员不需要进行任何配置,直连路由就会出现在路由表中。直连路由,顾名思义,就是路由器本身接口连接的网络。在没有人为配置路由器的情况下,直连路由是路由器唯一拥有的路由。因为直连所以了解。

静态路由:网络管理员手动配置的路由。静态路由需要管理员通过命令手动添加到路由表中,是路由器事先不知道,而管理员希望路由器知道,专门"告诉"路由器的路由。通过管理员了解。

动态路由:通过动态路由协议发现的路由。动态路由是路由器从邻居路由器那里学习过来的路由。通过其他路由器了解。

每个路由协议都有一个协议优先级(取值越小优先级越高),路由协议优先级的默认数值如表 8-1 所示。当有多个路由信息时,选择优先级最高的路由作为最佳路由。

表 8-1　路由协议优先级的默认数值

路由类型	Direct	OSPF	Static	RIP
路由协议优先级	0	10	60	100

如果路由器无法用优先级来判断最佳路由,则使用度量值(metric)来决定需要加入路由表的路由。一些常用的度量值有:跳数,带宽,时延,代价,负载,可靠性等。跳数是指到达目的地所通过的路由器数目。带宽是指链路的容量,高速链路开销(度量值)较小。metric 值越小,路由越优先。

8.1.5　命令行视图

1. 用户视图

```
<Huawei>
```

当管理员登录华为路由器时，会进入默认的用户视图。由用户视图的标识尖括号进行标记，设备的名称位于一对尖括号中。

2. 进入系统视图

```
<Huawei> system-view
Enter system view, return user view with Ctrl + Z.
[Huawei]
```

在用户视图中输入关键字 system-view，进入系统视图。系统视图由方括号进行标记，设备的名称位于一对方括号中。如果要返回上一视图，可以输入关键字 quit。无论当前处于哪一种视图的配置模式下，按"Ctrl＋Z"键都会退回到登录设备时默认的用户视图中。

3. 进入和退出以太网接口视图

```
[Huawei]interface Ethernet0/0/0
[Huawei-Ethernet0/0/0]quit
```

在系统视图中输入命令"interface **接口类型接口编号**"，进入相应的接口的视图中。上面的演示命令输入 interface Ethernet0/0/0，进入编号为 Ethernet0/0/0 的以太网接口。如果要退出该接口视图，可以输入关键字 quit。

4. 二层接口与三层接口相互切换

```
[Huawei]interface Ethernet0/0/0
[Huawei-Ethernet0/0/0]undo portswitch
```

AR201 系列路由器在缺省情况下，接口 Ethernet0/0/0 为二层以太网接口。二层以太网接口不可以直接配置 IP 地址，网络管理员可以通过 undo portswitch 命令将接口 Ethernet0/0/0 从二层模式切换到三层模式，如果要从三层模式再切换到二层模式，可以使用 portswitch 命令。

5. 配置 IP 地址

```
[Huawei]interface Ethernet0/0/0
[Huawei-Ethernet0/0/0]ip address 192.168.0.1 255.255.255.0
```

管理员需要在相应接口的视图中输入"ip address IP **地址掩码**"来给接口配置 IP。对于华为设备，其接口默认处于打开状态，如果要对接口状态进行切换，可在相应视图下输入命令 shutdown 关闭接口，输入命令 undo shutdown 则可打开接口。

6. Console 接口配置

```
[Huawei]user-interface console 0
[Huawei-ui-console0]authentication-mode password
Please configure the login password (maximum length 16):DMGG
[Huawei-ui-console0]
```

或

```
[Huawei]user-interface console 0
[Huawei-ui-console0]set authentication password cipher DMGG
[Huawei-ui-console0]
```

Console 接口的密码认证登录方式有两种设置方式：authentication-mode password 或 set authentication password cipher ＊＊＊＊＊。其中"＊＊＊＊＊"为输入的密码，上面的演示密码为"DMGG"。使用 authentication-mode password，系统会自动要求输入密码。

7. Telnet 密码配置

```
[Huawei]user-interface vty 0 4
[Huawei-ui-vty0-4]authentication-mode password
Please configure the login password (maximum length 16):dmgg
[Huawei-ui-vty0-4]user privilege level 3
[Huawei-ui-vty0-4]
```

或

```
[Huawei]user-interface vty 0 4
[Huawei-ui-vty0-4]set authentication password cipher dmgg
[Huawei-ui-vty0-4]user privilege level 3
[Huawei-ui-vty0-4]
```

Telnet 密码配置与 Console 接口配置命令相似，把参数 console 0 换成了 vty 0 4，进入了从编号 0 到编号 4 的 5 个虚拟接口配置视图中，设置了密码验证，分配了管理级"3"的用户级别。

8. 保存配置文件

```
<Huawei>save
  The current configuration will be written to the device.
  Are you sure to continue? (y/n)[n]:y
  It will take several minutes to save configuration file, please wait........
  Configuration file had been saved successfully
  Note:The configuration file will take effect after being activated
<Huawei>
```

在设备上配置的基本上会即刻生效，一旦设备重启，没有保存的配置就会消失。保存配置的命令非常简单，管理员只要在用户视图下输入关键字 save 按提示保存即可。

9. 清空配置文件

```
< Huawei > reset saved-configuration
This will delete the configuration in the flash memory.

The device configurations will be erased to reconfigure.

Are you sure? (y/n)[n]:y
Clear the configuration in the device successfully.
< Huawei >
```

如果管理员希望将设备的配置文件清空,则需要在用户视图下输入命令 reset saved-configuration 来删除配置文件。

10. 测试网络连通性

```
< AR2 > ping 192.168.0.1
    PING 192.168.0.1: 56 data bytes, press CTRL_C to break
      Reply from 192.168.0.1: bytes = 56 Sequence = 1 ttl = 255 time = 470 ms
      Reply from 192.168.0.1: bytes = 56 Sequence = 2 ttl = 255 time = 50 ms
      Reply from 192.168.0.1: bytes = 56 Sequence = 3 ttl = 255 time = 50 ms
      Reply from 192.168.0.1: bytes = 56 Sequence = 4 ttl = 255 time = 50 ms
      Reply from 192.168.0.1: bytes = 56 Sequence = 5 ttl = 255 time = 60 ms

  --- 192.168.0.1 ping statistics ---
    5 packet(s) transmitted
    5 packet(s) received
    0.00% packet loss
    round-trip min/avg/max = 50/136/470 ms
```

在路由器上可以用 ping 命令测试某个地址的可达性。

11. 跟踪路径

```
< AR2 > tracert 192.168.0.1

traceroute to 192.168.0.1(192.168.0.1), max hops: 30, packet length: 40,press
CTRL_C to break

1 192.168.0.1 120 ms   50 ms   60 ms
< AR2 >
```

使用 tracert 命令可以检测出路径中最终目的地址不可达的问题到底出现在哪里。

12. 查看路由表

```
[AR1]display ip routing-table
Route Flags：R - relay, D - download to fib
------------------------------------------------------------------------

Routing Tables：Public
        Destinations：7        Routes：7

Destination/Mask        Proto   Pre  Cost      Flags NextHop      Interface

       127.0.0.0/8      Direct  0    0         D     127.0.0.1    InLoopBack0
       127.0.0.1/32     Direct  0    0         D     127.0.0.1    InLoopBack0
 127.255.255.255/32     Direct  0    0         D     127.0.0.1    InLoopBack0
     192.168.0.0/24     Direct  0    0         D     192.168.0.1  Ethernet0/0/0
     192.168.0.1/32     Direct  0    0         D     127.0.0.1    Ethernet0/0/0
   192.168.0.255/32     Direct  0    0         D     127.0.0.1    Ethernet0/0/0
 255.255.255.255/32     Direct  0    0         D     127.0.0.1    InLoopBack0
```

路由器收到一个数据包后，会检查其目的 IP 地址，然后查找路由表，查找到匹配的路由表项之后，路由器会根据该表项所指示的出接口信息和下一跳信息将数据包转发出去。

根据比较"路由优先级"和"路由度量"，设备可以产生最优路径的 IP 路由表。

根据来源的不同，路由表中的路由通常可分为以下三类：

- 链路层协议发现的路由（也称接口路由或直连路由）。
- 由网络管理员手动配置的静态路由。
- 动态路由协议发现的路由。

在路由器中输入命令 display ip routing-table 可以查看路由表中的路由条目。路由表是路由器转发数据包的依据，是与路由器功能关系最紧密的数据库。查看和分析路由器的路由表是网络管理员日常工作中不可或缺的。

8.2 案例配置

8.2.1 案例需求

本案例需要两台路由器，一台代表公司路由器，另一台代表客户端。

实训目的：

- 了解路由表与路由条目。
- 理解路由信息的 3 种来源。
- 掌握路由器基本配置命令。
- 掌握路由器口令及密码配置。
- 掌握路由器口令恢复方法。

8.2.2 拓扑设备

配置拓扑如图 8-1 所示,设备配置地址如表 8-2 所示,本案例所选路由器设备为两台 AR201,AR1 作为公司路由器,AR2 模拟客户端。

图 8-1 路由器基本配置

表 8-2 设备配置地址

设备	接口	IP 地址	子网掩码
AR1	Ethernet0/0/0	192.168.0.1	255.255.255.0
AR2	Ethernet0/0/0	192.168.0.2	255.255.255.0

8.2.3 案例实施

1. 配置路由器 AR1

① 键入 system-view 命令进入系统视图。双击路由器 AR1,在< Huawei >提示符下输入 system-view 命令,进入系统视图模式下。

```
< Huawei > system-view
Enter system view, return user view with Ctrl + Z.
[Huawei]
```

② 配置路由器的名称。进入系统视图,使用命令 sysname AR1 配置路由器名称,具体配置步骤如下。

```
[Huawei]sysname AR1
[AR1]
```

③ 配置路由器接口的 IP 地址。将路由器接口 Ethernet0/0/0 的 IP 地址设置为 192.168.0.1,子网掩码为 255.255.255.0。如果路由器接口是二层接口模式,需要使用 undo portswitch 命令切换到三层接口。具体配置步骤如下。

```
[AR1]interface Ethernet0/0/0
[AR1-Ethernet0/0/0]ip address 192.168.0.1 255.255.255.0
[AR1-Ethernet0/0/0]quit
```

④ 配置 Telnet 远程访问密码。进入用户界面视图,设置认证方式为密码验证方式,设置登录验证的密码为"DMGG",系统默认 VTY 登录方式用户级别为 0,将用户级别设置为 3 才能进入系统视图,具体配置步骤如下。

```
[AR1]user-interface vty 0 4
[AR1-ui-vty0-4]authentication-mode password
Please configure the login password (maximum length 16):DMGG
[AR1-ui-vty0-4]
```

⑤ 配置 Console。进入用户界面视图,设置本地登录密码,设置登录验证的密码为"GGDM",具体配置步骤如下。

```
[AR1]user-interface console 0
[AR1-ui-console0]authentication-mode password
Please configure the login password (maximum length 16):GGDM
[AR1-ui-console0]
```

⑥ 保存配置。

```
<AR1>save
  The current configuration will be written to the device.
  Are you sure to continue? (y/n)[n]:y
  It will take several minutes to save configuration file, please wait.......
  Configuration file had been saved successfully
  Note:The configuration file will take effect after being activated
<AR1>
```

2. 配置客户端 AR2

本案例使用路由器 AR2 作为客户端,模拟 Telnet 远程登录。

① 配置 AR2 的名称。进入系统视图,使用命令 sysname AR2 配置路由器名称,具体配置步骤如下。

```
[Huawei]sysname AR2
[AR2]
```

② 配置 AR2 的 IP 地址。将路由器 AR2 接口 Ethernet0/0/0 的 IP 地址设置为 192.168.0.2,子网掩码为 255.255.255.0。如果路由器接口是二层接口模式,需要使用 undo portswitch 命令切换到三层接口。具体配置步骤如下。

```
[AR2]interface Ethernet0/0/0
[AR2-Ethernet0/0/0]ip address 192.168.0.2 255.255.255.0
[AR2-Ethernet0/0/0]quit
```

3. 验证测试

① Telnet 远程登录。在客户端 AR2 中输入 telnet 192.168.0.1,显示成功登录,结果如下所示。

```
<AR2>telnet 192.168.0.1
  Press CTRL_] to quit telnet mode
  Trying 192.168.0.1 ...
```

```
   Connected to 192.168.0.1 ...


Login authentication



Password: DMGG
<AR1>
```

② 本地登录。完全退出路由器 AR1 登录界面,再次登录时要求输入密码。

```
<AR1>

   Please check whether system data has been changed, and save data in time

   Configuration console time out, please press any key to log on



Login authentication



Password:GGDM
```

8.3　常见问题与分析

① 路由器用户登录后超时时间是多少? 怎样修改空闲超时时间?

解析:缺省情况下,路由器默认超时时间为 5 分钟。执行命令 idle-timeout minutes [seconds]来设置用户界面断连的超时时间。

如果管理员需要设置 Console 口的空闲超时时间为 15 分钟,可执行以下主要操作:

```
[AR1]user-interface console 0
[AR1-ui-console0]idle-timeout 15 0
```

② 忘记路由器 Console 口登录密码怎么处理?

解析:如果忘记了路由器 Console 口登录密码,可以通过 Telnet 登录设备,修改 Console 口密码,或恢复出厂设置,重新配置。

③ 忘记路由器 Telnet 登录密码怎么处理?

解析:如果忘记了路由器 Telnet 登录密码,可以通过 Console 口登录设备,修改 Telnet 密码,或恢复出厂设置,重新配置。

8.4 拓 展 训 练

8.4.1 训练目的

熟悉路由器的各个视图模式,熟练设备改名(sysname)、测试网络连通性(ping)、跟踪路径(tracert)、查看路由表(display ip routing)等命令的使用,学会帮助的使用,记住常用的快捷键。

8.4.2 训练拓扑

拓扑结构如图 8-2 所示。

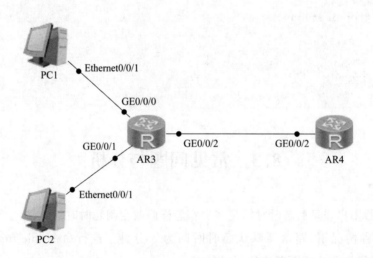

图 8-2 拓扑结构

8.4.3 训练要求

1. 网络布线

根据网络拓扑图进行网络布线(路由器型号为 AR2220)。

2. 实验编址

根据网络拓扑图设计网络设备的 IP 编址,填写表 8-3 所示的地址分配表,根据需要填写,不需要填写处打×。

表 8-3　地址分配表

设备	接口	IP 地址	子网掩码	网关
AR3	GE0/0/0			
	GE0/0/1			
	GE0/0/2			
AR4	GE0/0/2			
PC1	Ethernet0/0/1			
PC2	Ethernet0/0/1			

3. 主要步骤

① 搭建训练环境，设置 PC1、PC2 的 IP 地址、子网掩码以及网关。

② 在路由器 AR3 上配置。

• 配置路由器名 AR3。

• 在路由器 AR3 上配置端口 GE0/0/0、GE0/0/1、GE0/0/2 的 IP 地址。

• 配置路由器 AR3 Console 接口。

• 配置路由器 AR3 Telnet 密码。

③ 在路由器 AR4 上配置。

• 配置路由器名 AR4。

• 在路由器 AR4 上配置端口 GE0/0/2 的 IP 地址。

④ 验证测试。

• 使用 ping 命令测试主机 PC1 与 PC2 之间的通信。

• 使用 tracert 命令跟踪路径。

• 使用 display ip routing 命令查看路由表。

• 在模拟客户端 AR4 上进行 Telnet 登录测试。

某公司有一个总部和两个分支机构,其中 AR1 为总部路由器,总部有一个网段,AR2、AR3 为分支机构。AR1 通过以太网和串行线缆与分支机构相连,分支机构之间通过串行线缆实现互联。

因为网络规模较小,所以采用静态路由和浮动静态路由的方式实现网络互通。

9.1　技 术 知 识

9.1.1　静态路由概述

静态路由是指由管理员手动配置和维护的路由。静态路由配置简单,并且无须像动态路由那样占用路由器的 CPU 资源来计算和分析路由更新。当网络结构比较简单时,只需配置静态路由就可以使网络正常工作。使用静态路由可以改进网络的性能,并可为重要的应用保证带宽。

路由备份也叫浮动静态路由,在配置去往相同的目的网段的多条静态路由时,可以修改静态路由的优先级,使一条静态路由的优先级高于其他静态路由的优先级,从而实现静态路由的备份,即在主路由失效的情况下,提供备份路由。正常情况下,备份路由不会出现在路由表中。静态路由默认优先级为 60,值越大优先级越低。

当源网络和目的网络之间存在多条链路时,可以通过等价路由来实现流量负载分担,从而实现数据分流、避免单条路径负载过重的效果。而当其中某一条路径失效时,其他路径仍然能够正常传输数据,也起到了冗余的作用。这些等价路由具有相同的目的网络和掩码、优先级和度量值。

当路由表中没有与报文的目的地址匹配的表项时,设备可以选择缺省路由作为报文的转发路径。在路由表中,缺省路由的目的网络地址为 0.0.0.0,掩码也为 0.0.0.0。缺省静态路由的默认优先级也是 60。在路由选择过程中,缺省路由会被最后匹配。

9.1.2　静态路由的特点

静态路由的配置比较简单决定了静态路由包含许多特点。可以说静态路由的配置完全由管理员自己说了算,想怎么配就怎么配,只要符合静态路由配置命令格式即可,因为静态路由的算法全在网络管理员的思想和对静态路由知识的认识中,并不是由路由器自动学习来完成的。至于所配置的静态路由是否合适,是否能达到预期的目的则另当别论。在配置和应用静态路由时,我们应当全面地了解静态路由的以下几个主要特点,否则可能在遇到故障时总也想不通为什么。

1. 手动配置

静态路由需要网络管理员根据实际需要一条条自己手动配置,路由器不会自动生成所需的静态路由。静态路由中包括目标节点或目标网络的 IP 地址,还可以包括下一跳 IP 地址(通常是下一个路由器与本地路由器连接的接口的 IP 地址),以及在本路由器上使用该静态路由时的数据包出接口等。

2. 路由路径相对固定

因为静态路由是手动配置的、静态的,所以配置的每个静态路由在本地路由器上的路径基本上是不变的,除非网络管理员自己修改。另外,当网络的拓扑结构或链路的状态发生变化时,这些静态路由不能自动修改,需要网络管理员手动去修改路由表中相关的静态路由信息。

3. 永久存在

因为静态路由是由管理员手动创建的,所以一旦创建完成,它会永久在路由表中存在,除非网络管理员自己删除了它,或者静态路由中指定的出接口关闭,或者下一跳 IP 地址不可达。

4. 不可通告性

静态路由信息在默认情况下是私有的,不会通告给其他路由器,也就是说,当在一个路由器上配置了某条静态路由时,它不会被通告到网络中相连的其他路由器上。但网络管理员可以通过重发布静态路由为其他动态路由,使得网络中的其他路由器也可获此静态路由。

5. 单向性

静态路由是具有单向性的,即它仅为数据提供沿着下一跳的方向进行路由,不提供反向路由。所以,如果用户想要使源节点与目标节点的网络进行双向通信,就必须同时配置回程静态路由。在现实中经常会发现这样的问题,明明配置了到达某节点的静态路由,可还是ping 不通,其中一个重要原因就是没有配置回程静态路由。

6. 接力性

如果某条静态路由中间经过的跳数大于 1(即整条路由路径经历了 3 个及以上路由器节点),则必须在除最后一个路由器外的其他路由器上依次配置到达相同目标节点或目标网络的静态路由,这就是静态路由的“接力”特性,仅在源路由器上配置静态路由还是不可达的。

7. 递归性

许多读者一直存在一个错误的认识,那就是认为静态路由的“下一跳”必须是与本地路由直接连接的下一个路由器接口,其实这是片面的。静态路由的下一跳是路径中其他路由器中的任一个接口,只要能保证到达下一跳即可。这就是静态路由的"递归性"。

8. 适用于小型网络

静态路由一般适用于比较简单的小型网络环境,因为在这样的环境中,网络管理员易于清楚地了解网络的拓扑结构,便于设置正确的路由信息。同时,小型网络所需配置的静态路由条目也不会太多。如果网络规模较大,拓扑结构比较复杂,则不宜采用静态路由,因为这样的配置工作量实在太大。

9.1.3 静态路由的缺点

静态路由的缺点在于:需要在路由器上手动配置,如果网络结构复杂或者跳数较多,仅通过静态路由来实现路由,则要配置的静态路由可能非常多,而且可能造成路由环路;如果网络拓扑结构发生改变,则路由器上的静态路由必须跟着改变,否则原来配置的静态路由可能会失效。

9.1.4 命令行视图

1. 静态路由命令格式

静态路由有 5 个主要参数:目的地址、掩码、出接口、下一跳和优先级。静态路由配置过程如表 9-1 所示。

表 9-1 静态路由配置过程

步骤	命令	解释
1	system-view	进入系统视图
2	ip route-static **ip-address** { **mask** | **mask-length** } **interface-type interface-number** [**nexthop-address**] [**preference preference-value**]	参数 ip-address 指定了一个网络或者主机的目的地址 参数 mask(mask-length)指定了一个子网掩码(子网掩码前缀长度) 如果使用了广播接口(如以太网接口)作为出接口,则必须指定下一跳地址;如果使用了串口作为出接口,则可以通过参数 interface-type 和 interface-number(如 Serial1/0/0)来配置出接口,此时不必指定下一跳地址 参数 preference-value 为优先级值

2. 检查配置结果

在配置完静态路由之后,可以使用命令来检查配置结果,如表 9-2 所示。

表 9-2 静态路由的检查配置步骤

序号	命令	解释
1	system-view	进入系统视图
2	display ip routing-table	查看路由表
3	display ip routing-table protocol static	查看路由表中的静态路由条目

9.2　案例配置

9.2.1　案例需求

本案例需要 3 台路由器、2 台 PC。路由器 AR1 代表公司总部,路由器 AR2 和 AR3 代表分支机构(分部),2 台 PC 分别代表两个分部中的办公网络。AR1、AR2、AR3 之间使用串行线缆连接。

实训目的:

- 了解静态路由的工作场景。
- 熟悉静态路由的主要特点。
- 掌握配置静态路由的命令。
- 理解浮动静态路由的应用场景。
- 掌握配置浮动静态路由的方法。
- 掌握测试浮动静态路由的方法。

9.2.2　拓扑设备

案例配置拓扑如图 9-1 所示,设备配置地址如表 9-3 所示,本案例所选路由器设备为 3 台 AR2220(需要在设备里添加串口模块,设备停止后,选中设备,右击选择"设置→eNSP 支持的接口卡→2SA 模块",并拖动到视图中),2 台终端设备 PC 所在的网段分别模拟两个分部中的办公网络。

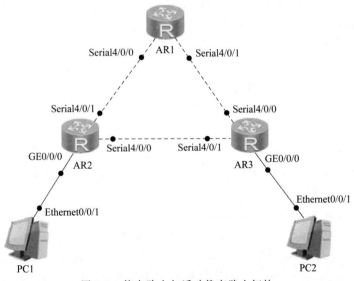

图 9-1　静态路由与浮动静态路由拓扑

表 9-3 设备配置地址

设备	接口	IP 地址	子网掩码	网关
AR1	Serial4/0/0	12.1.1.1	255.255.255.0	×
	Serial4/0/1	13.1.1.1	255.255.255.0	×
AR2	Serial4/0/0	23.1.1.2	255.255.255.0	×
	Serial4/0/1	12.1.1.2	255.255.255.0	×
	GE0/0/0	22.1.1.2	255.255.255.0	×
AR3	Serial4/0/0	13.1.1.3	255.255.255.0	×
	Serial4/0/1	23.1.1.3	255.255.255.0	×
	GE0/0/0	33.1.1.3	255.255.255.0	×
PC1	Ethernet0/0/1	22.1.1.22	255.255.255.0	22.1.1.2
PC2	Ethernet0/0/1	33.1.1.33	255.255.255.0	33.1.1.3

9.2.3 案例实施

1. 静态路由的配置

（1）基本配置

根据设备配置地址进行相应的基本配置。

```
<Huawei>system-view   //配置路由器AR1
Enter system view, return user view with Ctrl+Z.
[Huawei]sysname AR1
[AR1]interface Serial4/0/0
[AR1-Serial4/0/0]ip address 12.1.1.1 24
[AR1-Serial4/0/0]interface Serial4/0/1
[AR1-Serial4/0/1]ip address 13.1.1.1 24
[AR1-Serial4/0/1]


<Huawei>system-view   //配置路由器AR2
Enter system view, return user view with Ctrl+Z.
[Huawei]sysname AR2
[AR2]interface Serial4/0/1
[AR2-Serial4/0/1]ip address 12.1.1.2 24
[AR2-Serial4/0/1]quit
[AR2]interface GigabitEthernet0/0/0
[AR2-GigabitEthernet0/0/0]ip address 22.1.1.2 24
Jul 21 2018 10:18:18-08:00 AR2 %%01IFNET/4/LINK_STATE(l)[0]:The line
protocol IP on the interface GigabitEthernet0/0/0 has entered the UP state.
```

```
[AR2-GigabitEthernet0/0/0]

<Huawei>system-view  //配置路由器 AR3
Enter system view, return user view with Ctrl + Z.
[Huawei]sysname AR3
[AR3]interface Serial4/0/0
[AR3-Serial4/0/0]ip address 13.1.1.3 24
[AR3-Serial4/0/0]
Jul 21 2018 09:48:36-08:00 AR3 %%01IFNET/4/LINK_STATE(l)[0]:The line
protocol PPP IPCP on the interface Serial4/0/0 has entered the UP state.
[AR3-Serial4/0/0]quit
[AR3]interface GigabitEthernet0/0/0
[AR3-GigabitEthernet0/0/0]ip address 33.1.1.3 24
Jul 21 2018 10:16:34-08:00 AR3 %%01IFNET/4/LINK_STATE(l)[0]:The line
protocol IP on the interface GigabitEthernet0/0/0 has entered the UP state.
[AR3-Serial4/0/0]
```

（2）配置静态路由

在每台路由器上配置静态路由协议，实现总部与两分部间、两分部间的通信。

静态路由可以应用在串行网络或以太网中，但静态路由在这两种网络中的配置有所不同。

在串行网络中配置静态路由时，可以只指定下一跳地址或只指定出接口。华为 ARG3 系列路由器中，串行接口默认封装 PPP，对于这种类型的接口，静态路由的下一跳地址就是与接口相连的对端接口的地址，所以在串行网络中配置静态路由时可以只配置出接口。

如果以太网是广播类型网络，则和串行网络情况不同。在以太网中配置静态路由时，必须指定下一跳地址。本节使用的是路由器串行接口，既可以指定出接口也可以使用下一跳地址。

正向路由：在 AR2 上配置目的网段为主机 PC2 所在的网段的静态路由。

正向接力路由：在 AR1 上配置目的网段为主机 PC2 所在的网段的静态路由。

回程路由：在 AR3 上配置目的网段为主机 PC1 所在的网段的静态路由。

回程接力路由：在 AR1 上配置目的网段为主机 PC1 所在的网段的静态路由。

```
[AR2]ip route-static 33.1.1.0 24 Serial4/0/1  //正向路由
[AR1]ip route-static 33.1.1.0 24 Serial4/0/1  //正向接力路由

[AR3]ip route-static 22.1.1.0 255.255.255.0 13.1.1.1  //回程路由
[AR1]ip route-static 22.1.1.0 24 Serial4/0/0  //回程接力路由
```

配置完成后，查看 AR1 的路由表。

```
<AR1>display ip routing-table
Route Flags: R - relay, D - download to fib
------------------------------------------------------------------

Routing Tables: Public
         Destinations : 14      Routes : 14

Destination/Mask    Proto   Pre  Cost      Flags NextHop     Interface

        12.1.1.0/24   Direct  0    0          D    12.1.1.1    Serial4/0/0
        12.1.1.1/32   Direct  0    0          D    127.0.0.1   Serial4/0/0
        12.1.1.2/32   Direct  0    0          D    12.1.1.2    Serial4/0/0
      12.1.1.255/32   Direct  0    0          D    127.0.0.1   Serial4/0/0
        13.1.1.0/24   Direct  0    0          D    13.1.1.1    Serial4/0/1
        13.1.1.1/32   Direct  0    0          D    127.0.0.1   Serial4/0/1
        13.1.1.3/32   Direct  0    0          D    13.1.1.3    Serial4/0/1
      13.1.1.255/32   Direct  0    0          D    127.0.0.1   Serial4/0/1
        22.1.1.0/24   Static  60   0          D    12.1.1.1    Serial4/0/0
        33.1.1.0/24   Static  60   0          D    13.1.1.1    Serial4/0/1
       127.0.0.0/8    Direct  0    0          D    127.0.0.1   InLoopBack0
      127.0.0.1/32    Direct  0    0          D    127.0.0.1   InLoopBack0
  127.255.255.255/32  Direct  0    0          D    127.0.0.1   InLoopBack0
  255.255.255.255/32  Direct  0    0          D    127.0.0.1   InLoopBack0
```

可以观察到,在 AR1 的路由表中存在以主机 PC1、PC2 所在网段为目的网段的路由条目,它们的下一跳路由器分别为 AR1、AR2。

(3)验证配置效果

验证两分部之间的连通性,在 PC1 上测试与 PC2 之间的连通性。

```
PC>ping 33.1.1.33


Ping 33.1.1.33: 32 data bytes, Press Ctrl_C to break
From 33.1.1.33: bytes = 32 seq = 1 ttl = 125 time = 16 ms
From 33.1.1.33: bytes = 32 seq = 2 ttl = 125 time = 31 ms
From 33.1.1.33: bytes = 32 seq = 3 ttl = 125 time = 15 ms
From 33.1.1.33: bytes = 32 seq = 4 ttl = 125 time = 15 ms
From 33.1.1.33: bytes = 32 seq = 5 ttl = 125 time = 16 ms


--- 33.1.1.33 ping statistics ---
  5 packet(s) transmitted
  5 packet(s) received
```

```
  0.00% packet loss
  round-trip min/avg/max = 15/18/31 ms
PC>
```

两分部之间通信正常,在主机 PC1 上使用 tracert 命令测试所经过的网关。

```
PC> tracert 33.1.1.33

traceroute to 33.1.1.33, 8 hops max
(ICMP), press Ctrl + C to stop
1  22.1.1.2    16 ms  15 ms  <1 ms
2  12.1.1.1    16 ms  31 ms  16 ms
3  13.1.1.3    31 ms  16 ms  15 ms
4  33.1.1.33   16 ms  31 ms  16 ms
```

以上结果显示:PC1 ping 的数据包是经过 AR1、AR2、AR3 的顺序到达主机 PC2 的。验证总部与两分部之间的通信,在 AR1 上使用 ping 命令进行测试。

```
<AR1> ping 22.1.1.22    //验证总部与分部 PC1 所在的网段
  PING 22.1.1.22: 56 data bytes, press CTRL_C to break
    Reply from 22.1.1.22: bytes = 56 Sequence = 1 ttl = 127 time = 20 ms
    Reply from 22.1.1.22: bytes = 56 Sequence = 2 ttl = 127 time = 20 ms
    Reply from 22.1.1.22: bytes = 56 Sequence = 3 ttl = 127 time = 30 ms
    Reply from 22.1.1.22: bytes = 56 Sequence = 4 ttl = 127 time = 30 ms
    Reply from 22.1.1.22: bytes = 56 Sequence = 5 ttl = 127 time = 10 ms

  --- 22.1.1.22 ping statistics ---
    5 packet(s) transmitted
    5 packet(s) received
    0.00% packet loss
    round-trip min/avg/max = 10/22/30 ms

<AR1> ping 33.1.1.33    //验证总部与分部 PC2 所在的网段
  PING 33.1.1.33: 56 data bytes, press CTRL_C to break
    Reply from 33.1.1.33: bytes = 56 Sequence = 1 ttl = 127 time = 20 ms
    Reply from 33.1.1.33: bytes = 56 Sequence = 2 ttl = 127 time = 10 ms
    Reply from 33.1.1.33: bytes = 56 Sequence = 3 ttl = 127 time = 20 ms
    Reply from 33.1.1.33: bytes = 56 Sequence = 4 ttl = 127 time = 20 ms
    Reply from 33.1.1.33: bytes = 56 Sequence = 5 ttl = 127 time = 20 ms

  --- 33.1.1.33 ping statistics ---
    5 packet(s) transmitted
```

```
5 packet(s) received
0.00% packet loss
round-trip min/avg/max = 10/18/20 ms
```

以上结果显示:总部路由器 AR1 能够正常访问两个分部主机 PC1 和 PC2 的网络。

2. 浮动静态路由的配置

此部分是在静态路由配置后进行的。实现两分部之间的通信时,直连链路为主用链路,通过总部的链路为备用链路,即当主用链路发生故障时,可以使用备用链路保障两分部网络之间的通信。

(1)基本配置

在 AR2 和 AR3 上增加主用链路接口基本配置。

```
[AR2]interface Serial4/0/0
[AR2-Serial4/0/0]ip address 23.1.1.2 24


[AR3]interface Serial4/0/1
[AR3-Serial4/0/1]ip address 23.1.1.3 24
```

(2)配置静态路由

在 AR2 和 AR3 上增加主用链路静态路由的配置。

```
[AR2]ip route-static 33.1.1.0 24 23.1.1.3


[AR3]ip route-static 22.1.1.0 24 23.1.1.2
```

查看 AR2 的路由表。

```
<AR2>display ip routing-table
Route Flags: R - relay, D - download to fib
------------------------------------------------------------
Routing Tables: Public
        Destinations : 16        Routes : 17

Destination/Mask    Proto   Pre  Cost    Flags NextHop      Interface

      12.1.1.0/24   Direct  0    0       D     12.1.1.2     Serial4/0/1
      12.1.1.1/32   Direct  0    0       D     12.1.1.1     Serial4/0/1
      12.1.1.2/32   Direct  0    0       D     127.0.0.1    Serial4/0/1
      12.1.1.3/32   Direct  0    0       D     12.1.1.3     Serial4/0/0
    12.1.1.255/32   Direct  0    0       D     127.0.0.1    Serial4/0/1
      22.1.1.0/24   Direct  0    0       D     22.1.1.2     GigabitEthernet0/0/0
      22.1.1.2/32   Direct  0    0       D     127.0.0.1    GigabitEthernet0/0/0
    22.1.1.255/32   Direct  0    0       D     127.0.0.1    GigabitEthernet0/0/0
```

23.1.1.0/24	Direct	0	0	D	23.1.1.2	Serial4/0/0
23.1.1.2/32	Direct	0	0	D	127.0.0.1	Serial4/0/0
23.1.1.255/32	Direct	0	0	D	127.0.0.1	Serial4/0/0
33.1.1.0/24	**Static**	**60**	**0**	**D**	**12.1.1.2**	**Serial4/0/1**
	Static	**60**	**0**	**RD**	**23.1.1.3**	**Serial4/0/0**
127.0.0.0/8	Direct	0	0	D	127.0.0.1	InLoopBack0
127.0.0.1/32	Direct	0	0	D	127.0.0.1	InLoopBack0
127.255.255.255/32	Direct	0	0	D	127.0.0.1	InLoopBack0
255.255.255.255/32	Direct	0	0	D	127.0.0.1	InLoopBack0

```
<AR2>display ip routing-table protocol static
Route Flags：R - relay，D - download to fib
------------------------------------------------------------
Public routing table : Static
        Destinations : 1        Routes : 2        Configured Routes : 2

Static routing table status : <Active>
        Destinations : 1        Routes : 2

Destination/Mask     Proto   Pre  Cost     Flags NextHop        Interface

    33.1.1.0/24      Static  60   0          RD  23.1.1.3       Serial4/0/0
                     Static  60   0          D   12.1.1.2       Serial4/0/1

Static routing table status : <Inactive>
        Destinations : 0        Routes : 0
```

路由表中有两条静态路由的优先级默认是 60，而其路由标记（Flags）不同。除了表示路由已被放入路由转发表的 D 标记外，在 AR2 上只使用 IP 地址作为下一跳参数配置的静态路由中，多了一个路由标记 R，这表示该路由是一条迭代路由。也就是说，路由器在将路由放入 IP 路由表前，会先根据管理员在静态路由命令中配置的下一跳 IP 地址，自动判断出转发数据包的出站接口，然后再为这条路由添加出站接口信息。而 D 标记直接使用管理员指定的出站接口，无须迭代计算。

（3）配置浮动静态路由

修改 AR2 去往 PC2 所在网段经过 AR1 静态路由的优先级。关键字 preference 取值越小，优先级越高；取值越大，优先级越低。

[AR2]ip route-static 33.1.1.0 255.255.255.0 Serial4/0/1 preference 80

修改 AR3 去往 PC1 所在网段经过 AR1 静态路由的优先级。

[AR3]ip route-static 22.1.1.0 255.255.255.0 13.1.1.1 preference 80

在 AR2 上使用命令查看路由表中的静态路由条目。

```
< AR2 > display ip routing-table protocol static
Route Flags: R - relay, D - download to fib
------------------------------------------------------------
Public routing table : Static
          Destinations : 1          Routes : 2          Configured Routes : 2

Static routing table status : < Active >
          Destinations : 1          Routes : 1

Destination/Mask     Proto   Pre  Cost       Flags NextHop        Interface

     33.1.1.0/24     Static  60   0          RD    23.1.1.3       Serial4/0/0

Static routing table status : < Inactive >
          Destinations : 1          Routes : 1

Destination/Mask     Proto   Pre  Cost       Flags NextHop        Interface

     33.1.1.0/24     Static  80   0                12.1.1.2       Serial4/0/1
```

观察输出信息可以发现,AR2 路由表分成了两个部分:< Active >和< Inactive >。< Active >部分显示的路由是路由器当前正在使用的路由,即 AR2 与 AR3 之间的直连链路为主用路由路径。< Inactive >部分为管理员配置的第二条路由,其优先级是 80,下一跳是 12.1.1.2,出站接口是 Serial4/0/1。这条非活跃路由的路由标记中没有 D,说明这条路由没有启用。

(4) 验证配置效果

配置完成后,在 PC1 上测试与 PC2 之间的连通性。

```
PC > ping 33.1.1.33

Ping 33.1.1.33: 32 data bytes, Press Ctrl_C to break
From 33.1.1.33: bytes = 32 seq = 1 ttl = 126 time = 16 ms
From 33.1.1.33: bytes = 32 seq = 2 ttl = 126 time = 15 ms
From 33.1.1.33: bytes = 32 seq = 3 ttl = 126 time = 15 ms
From 33.1.1.33: bytes = 32 seq = 4 ttl = 126 time = 15 ms
From 33.1.1.33: bytes = 32 seq = 5 ttl = 126 time = 15 ms

 --- 33.1.1.33 ping statistics ---
```

```
    5 packet(s) transmitted

    5 packet(s) received

    0.00% packet loss

    round-trip min/avg/max = 15/15/16 ms


PC>tracert 33.1.1.33


traceroute to 33.1.1.33, 8 hops max
(ICMP), press Ctrl + C to stop
1  22.1.1.2   15 ms  <1 ms  16 ms
2  23.1.1.3   16 ms  <1 ms  15 ms
3  33.1.1.33  16 ms  15 ms  16 ms


PC>
```

以上结果显示：两分部之间可以正常通信，且 PC1 ping 的数据包是经过 AR2、AR3 的顺序到达主机 PC2 的。

9.3 常见问题与分析

① 如何将静态路由配置为浮动静态路由？

解析：在配置静态路由时，调整其中一条静态路由的优先级，就可将其修改为浮动静态路由。

② 在路由选择过程中，为什么缺省路由会被最后匹配？

解析：在配置缺省路由时，目的网络为 0.0.0.0，代表的是任意网络。路由器在根据数据包的目的 IP 地址转发数据包时，会采用"最长匹配"原则，即当多条路由均匹配数据包的目的 IP 地址时，路由器会按照掩码最长的，也就是最精确的那条路由来转发数据包。

9.4 拓 展 训 练

9.4.1 训练目的

理解配置静态路由时在哪种情况下使用指定接口；掌握配置静态路由（指定接口）的方法；理解配置静态路由时在哪种情况下使用指定下一跳 IP 地址；掌握配置静态路由（指定下一跳 IP 地址）的方法；掌握测试静态路由连通性的方法。

9.4.2 训练拓扑

拓扑结构如图 9-2 所示。图 9-2 中 AR4、AR5、AR6、AR7 为 AR2220 路由器，LSW1 为 S3700 交换机。最终实现的效果是 AR4 能够与 AR6/AR7 进行通信。

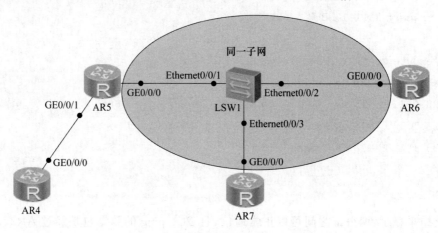

图 9-2 拓扑结构

9.4.3 训练要求

1. 网络布线
根据网络拓扑图进行网络布线。

2. 实验编址
根据网络拓扑图设计网络设备的 IP 编址，填写表 9-4 所示的地址分配表，根据需要填写，不需要填写处打×。

表 9-4 地址分配表

设备	接口	IP 地址	子网掩码
AR4	GE0/0/0		
AR5	GE0/0/0		
	GE0/0/1		
AR6	GE0/0/0		
AR7	GE0/0/0		
LSW1	Ethernet0/0/1		
	Ethernet0/0/2		
	Ethernet0/0/3		

3. 主要步骤
① 搭建训练环境，填写表 9-4。

② 基本配置。配置 AR4、AR5、AR6、AR7 的路由器名、接口地址信息。交换机 LSW1 不需要配置。

③ 配置静态路由。配置 AR4、AR6、AR7 的静态路由协议。

④ 验证测试。配置完成后,在 AR4 上测试与 AR6/AR7 之间的连通性。

某 IT 培训中心开办初期网络规模较小,总公司在南京,在南京还拥有两家分中心,分中心的工作主要是区域招生。分中心的工作人员每天需要访问总公司的 OA(协同办公自动化)系统、CRM(客户关系管理)系统以及财务系统。各中心间使用城域网专线接入。

10.1　技 术 知 识

10.1.1　RIP 概述

路由信息协议(Routing Information Protocol,RIP)是一种比较简单的内部网关协议。RIP 使用了基于距离矢量的贝尔曼-福特(Bellman-Ford)算法来计算到达目的网络的最佳路径。

最初的 RIP 开发时间较早,所以在带宽、配置和管理方面要求较低,因此,RIP 主要适用于规模小的网络。

路由器启动时,路由表中只会包含直连路由。运行 RIP 之后,路由器会发送 Request 报文,用于请求邻居路由器的 RIP 路由。运行 RIP 的邻居路由器收到该 Request 报文后,会根据自己的路由表生成 Response 报文进行回复。路由器在收到 Response 报文后,会将相应的路由添加到自己的路由表中。

RIP 网络稳定以后,每个路由器会周期性地向邻居路由器通告自己的路由表中的路由信息,默认周期为 30 秒,邻居路由器根据收到的路由信息刷新自己的路由表。

10.1.2　RIP 度量

RIP 使用跳数作为度量值来衡量到达目的网络的距离。在 RIP 中,路由器到与其直接相连的网络的跳数为 0,每经过一个路由器后跳数加 1。为限制收敛时间,RIP 规定跳数的取值范围为 0~15 之间的整数,大于 15 的跳数被定义为无穷大,即目的网络或主机不可达。

路由器从某一邻居路由器收到路由更新报文时,将根据以下原则更新本路由器的 RIP

路由表：

① 对于路由表中已有的路由项,当该路由项的下一跳是该邻居路由器时,不论度量值将增大还是减少,都更新该路由项(度量值相同时只将其老化定时器清零。路由表中的每一路由项都对应了一个老化定时器,当路由项在 180 秒内没有任何更新时,定时器超时,该路由项的度量值变为不可达)。当该路由项的下一跳不是该邻居路由器时,如果度量值减少,则更新该路由项。

② 对于路由表中不存在的路由项,如果度量值小于 16,则在路由表中增加该路由项。

某路由项的度量值变为不可达后,该路由会在 Response 报文中发布 4 次(120 秒),然后从路由表中清除。

10.1.3　RIP 版本

RIP 包括 RIPv1 和 RIPv2 两个版本。

RIPv1 为有类别路由协议,不支持 VLSM(Variable Length Subnet Mask,变长子网掩码)和 CIDR(Classless Inter-Domain Routing,无类别域间路由)。RIPv2 为无类别路由协议,支持 VLSM,支持路由聚合与 CIDR。

RIPv1 使用广播发送报文。RIPv2 有两种发送方式:广播方式和组播方式,缺省是组播方式。RIPv2 的组播地址为 224.0.0.9。组播发送报文的好处是在同一网络中那些没有运行 RIP 的网段可以避免接收 RIP 的广播报文;另外,组播发送报文可以使运行 RIPv1 的网段避免错误地接收和处理 RIPv2 中带有子网掩码的路由。

RIPv1 不支持认证功能,RIPv2 支持明文认证和 MD5 密文认证。

10.1.4　RIP 定时器

RIP 使用了以下 3 个定时器。

① 更新定时器:运行 RIP 的路由器每隔 30 秒将路由信息通告给其他路由器。

② 无效定时器:每条路由都有一个无效定时器,路由更新后,无效定时器的值就被复位成初始值(默认为 180 秒),开始倒计时。如果到某个网段的路由经过 180 秒没有更新,无效定时器值为 0,这条路由就被设置为无效路由,到该网段的开销就被设置为 16。在 RIP 路由通告中依然包括这条路由,确保网络中的其他路由器也能学习到该网段不可到达的信息。

③ 垃圾收集定时器:一条路由的无效定时器值为 0 时,该路由就成了一条无效路由,开销就被设置为 16,路由器不会立即将这条路由删除,而是为该无效路由启用一个垃圾收集定时器,开始倒计时,垃圾收集定时器的默认初始值为 120 秒。

10.1.5　命令行视图

1. RIP 命令格式

RIP 的配置过程如表 10-1 所示。

表 10-1   RIP 的配置过程

步骤	命令	解释
1	system-view	进入系统视图
2	rip[**process-id**]	启动 RIP 进程。此命令中,process-id 指定了 RIP 进程 ID。如果未指定 process-id,此命令将使用 1 作为缺省进程 ID
3	version 2	RIPv2 支持扩展能力,如支持 VLSM、认证等。如果不运行此命令,默认为 RIPv1 版本
4	network **network-address**	在 RIP 中通告网络,network-address 必须是一个自然网段的地址,也是路由设备的直连网段。只有处于此网络中的接口才能进行 RIP 报文的接收和发送
5	undo network **network-address**	(可选)删除配置错误的 RIP
6	undo summary	禁用路由自动汇总功能,只有当接口上禁用了水平分割特性后,RIPv2 才会执行自动汇总。华为路由器默认接口的水平分割是启用的

在接口上禁用 RIP 水平分割特性的配置步骤如表 10-2 所示。

表 10-2   禁用 RIP 水平分割特性

步骤	命令	解释
1	system-view	进入系统视图
2	interface **interface-type interface-number**	进入接口视图
3	undo rip split-horizon	禁用 RIP 水平分割特性

2. 检查配置结果

在配置完 RIP 之后,可以使用命令来检查配置结果,如表 10-3 所示。

表 10-3   RIP 的检查配置步骤

序号	命令	解释
1	system-view	进入系统视图
2	display ip routing-table	查看路由表
3	display ip routing-table protocol rip	查看路由表中的 RIP 路由条目
4	display rip	查看 RIP 详细信息
5	display current-configuration configuration rip	查看路由器上的 RIP 配置

10.2   案 例 配 置

10.2.1   案例需求

本案例需要 3 台路由器,分别代表南京总公司、鼓楼区分中心、江宁区分中心 3 个中心区,需要 3 台 PC,分别代表 3 个中心区的办公用户,最终实现所有办公用户之间相互通信。

实训目的:

- 掌握 RIPv2 的命令配置。
- 学会查看 RIP 配置命令。
- 学会使用 undo network **network-address** 删除错误配置。

10.2.2　拓扑设备

配置拓扑如图 10-1 所示,设备配置地址如表 10-4 所示,本案例所选路由器设备为 3 台 AR2220,3 台终端设备 PC 分别代表南京总公司、鼓楼区分中心、江宁区分中心 3 个中心区 的终端用户。

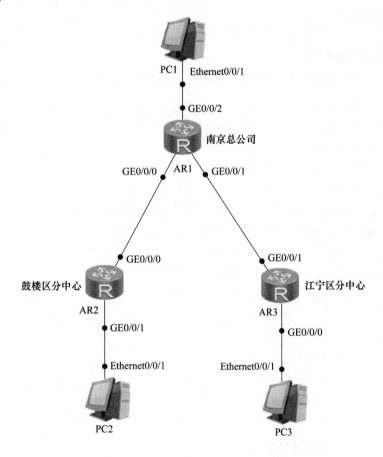

图 10-1　IT 培训中心南京互联网络

表 10-4　设备配置地址

设备	接口	IP 地址	子网掩码	网关
AR1	GE0/0/0	12.1.1.1	255.255.255.0	×
	GE0/0/1	13.1.1.1	255.255.255.0	×
	GE0/0/2	11.1.1.1	255.255.255.0	×

续 表

设备	接口	IP 地址	子网掩码	网关
AR2	GE0/0/0	12.1.1.2	255.255.255.0	×
	GE0/0/1	22.1.1.1	255.255.255.0	×
AR3	GE0/0/0	33.1.1.1	255.255.255.0	×
	GE0/0/1	13.1.1.3	255.255.255.0	×
PC1	Ethernet0/0/1	11.1.1.2	255.255.255.0	11.1.1.1
PC2	Ethernet0/0/1	22.1.1.2	255.255.255.0	22.1.1.1
PC3	Ethernet0/0/1	33.1.1.2	255.255.255.0	33.1.1.1

10.2.3 案例实施

1. 总公司路由器配置

路由器 3 个端口地址的配置如表 10-4 所示，主要命令如下。

```
<Huawei>system-view
Enter system view, return user view with Ctrl + Z.
[Huawei]sysname AR1
[AR1]interface GigabitEthernet0/0/2
[AR1-GigabitEthernet0/0/2]ip address 11.1.1.1 24
[AR1-GigabitEthernet0/0/2]interface GigabitEthernet0/0/0
[AR1-GigabitEthernet0/0/0]ip address 12.1.1.1 24
[AR1-GigabitEthernet0/0/0]interface GigabitEthernet0/0/1
[AR1-GigabitEthernet0/0/1]ip address 13.1.1.1 24
[AR1-GigabitEthernet0/0/1]quit
[AR1]rip
[AR1-rip-1]version 2
[AR1-rip-1]undo summary
[AR1-rip-1]network 11.0.0.0
[AR1-rip-1]network 12.0.0.0
[AR1-rip-1]network 13.0.0.0
```

2. 鼓楼区分中心路由器配置

```
<Huawei>system-view
Enter system view, return user view with Ctrl + Z.
[Huawei]sysname AR2
[AR2]interface GigabitEthernet0/0/0
[AR2-GigabitEthernet0/0/0]ip address 12.1.1.2 24
[AR2-GigabitEthernet0/0/0]interface GigabitEthernet0/0/1
```

```
[AR2-GigabitEthernet0/0/1]ip address 22.1.1.1 24
[AR2-GigabitEthernet0/0/1]quit
[AR2]rip
[AR2-rip-1]version 2
[AR2-rip-1]network 12.0.0.0
[AR2-rip-1]network 22.0.0.0
```

3. 江宁区分中心路由器配置

```
<Huawei>system-view
Enter system view, return user view with Ctrl + Z.
[Huawei]sysname AR3                              ^
[AR3]interface GigabitEthernet0/0/1
[AR3-GigabitEthernet0/0/1]ip address 13.1.1.3 24
[AR3-GigabitEthernet0/0/1]quit
[AR3]interface GigabitEthernet0/0/0
[AR3-GigabitEthernet0/0/0]ip address 33.1.1.1 24
[AR3-GigabitEthernet0/0/0]quit
[AR3]rip
[AR3-rip-1]version 2
[AR3-rip-1]network 13.0.0.0
[AR3-rip-1]network 33.0.0.0
[AR3-rip-1]
```

4. 设置主机 IP

对照表 10-4,设置 PC1、PC2、PC3 的 IP 地址、子网掩码、网关。

5. 测试连通性

使用 ping 命令进行测试,在 PC1 上 ping PC2 和 PC3,测试结果如下。

```
PC>ping 22.1.1.2


Ping 22.1.1.2: 32 data bytes, Press Ctrl_C to break
From 22.1.1.2: bytes = 32 seq = 1 ttl = 254 time = 31 ms
From 22.1.1.2: bytes = 32 seq = 2 ttl = 254 time = 16 ms
From 22.1.1.2: bytes = 32 seq = 3 ttl = 254 time = 16 ms
From 22.1.1.2: bytes = 32 seq = 4 ttl = 254 time = 31 ms
From 22.1.1.2: bytes = 32 seq = 5 ttl = 254 time < 1 ms


--- 22.1.1.2 ping statistics ---
  5 packet(s) transmitted
  5 packet(s) received
```

```
     0.00% packet loss
     round-trip min/avg/max = 0/18/31 ms


PC > ping 33.1.1.2


Ping 33.1.1.2：32 data bytes, Press Ctrl_C to break
From 33.1.1.2：bytes = 32 seq = 1 ttl = 126 time = 16 ms
From 33.1.1.2：bytes = 32 seq = 2 ttl = 126 time = 16 ms
From 33.1.1.2：bytes = 32 seq = 3 ttl = 126 time = 16 ms
From 33.1.1.2：bytes = 32 seq = 4 ttl = 126 time = 16 ms
From 33.1.1.2：bytes = 32 seq = 5 ttl = 126 time = 16 ms


--- 33.1.1.2 ping statistics ---
   5 packet(s) transmitted
   5 packet(s) received
   0.00% packet loss
   round-trip min/avg/max = 16/16/16 ms


PC >
```

10.3 常见问题与分析

① 什么是自然网段？

解析：自然网段是按照 A,B,C 类网段划分。例如：10.1.1.1/24 的自然网段是 10.0.0.0，因为这本来是一个 A 类地址；10.10.20.0/22 的子网掩码位数是 22，是非自然网段，因为带有变长子网掩码，它的自然网段是 10.0.0.0。

② RIP 路由跳数是什么时候增加的？

解析：RIP 的路由跳数是在路由器发出路由通告之前增加的。

10.4 拓 展 训 练

10.4.1 训练目的

在三层交换机中配置 RIP，了解 RIP 版本，熟练配置 RIP，学会查看 RIP 配置、删除 RIP 配置的命令。

10.4.2 训练拓扑

拓扑结构如图 10-2 所示。图 10-2 中 SW1 为 S3700 交换机,AR5 为 AR2220 路由器。对交换机划分两个 VLAN,分别为 VLAN 10 和 VLAN 20。要求在 AR5、SW1 中运行 RIP 配置,保证全网互通。

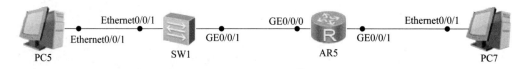

Ethernet0/0/1　　　　GE0/0/0　　　　Ethernet0/0/1
Ethernet0/0/1　　　　GE0/0/1　　　　GE0/0/1
PC5　　　　SW1　　　　AR5　　　　PC7

图 10-2　拓扑结构

10.4.3 训练要求

1. 网络布线

根据网络拓扑图进行网络布线。

2. 实验编址

根据网络拓扑图设计网络设备的 IP 编址,填写表 10-5 所示的地址分配表,根据需要填写,不需要填写处打×。

表 10-5　地址分配表

设备	接口	IP 地址	子网掩码	网关
AR5	GE0/0/0			
	GE0/0/1			
SW1	VLANIF10			
	VLANIF20			
PC5	Ethernet0/0/1			
PC7	Ethernet0/0/1			

3. 主要步骤

① 搭建训练环境,设置 PC5、PC7 的 IP 地址、子网掩码以及网关。

② 在路由器 AR5 上配置。

* 配置路由器名 AR5。

* 在路由器 AR5 上配置端口 GE0/0/0、GE0/0/1 的 IP 地址。

* 运行 RIPv2。

③ 在 SW1 上配置。

* 分别创建 VLAN 10 和 VLAN 20,将 Ethernet0/0/1 划分给 VLAN 10,将 GE0/0/1 划分给 VLAN 20。

- 创建 VLANIF10 和 VLANIF20，并配置它们的 IP 地址。
- 运行 RIPv2。

④ 验证测试。PC5 ping 通 PC7。

第11章 OSPF的配置

某 IT 培训中心的总公司在南京,随着业务发展壮大,在上海和青岛成立了两家分中心,分中心的工作主要是区域招生。分中心的工作人员每天需要访问总公司的 OA 系统、CRM 系统以及财务系统。各中心间使用专线接入。

11.1 技 术 知 识

11.1.1 OSPF 概述

开放式最短路径优先(Open Shortest Path First,OSPF)是一个内部网关协议(Interior Gateway Protocol,IGP),用于在单一自治系统(Autonomous System,AS)内决策路由,是对链路状态路由协议的一种实现。著名的迪克斯加(Dijkstra)算法被用于计算最短路径树。

OSPF 的特点如下:

① OSPF 是一种基于链路状态的路由协议,它从设计上就保证了无路由环路。OSPF 支持区域的划分,区域内部的路由器使用 SPF 最短路径算法保证了区域内部无环路。OSPF 还利用区域间的连接规则保证了区域之间无路由环路。

② OSPF 支持触发更新,能够快速检测并通告自治系统内的拓扑变化。

③ OSPF 可以解决网络扩容带来的问题。当网络上路由器越来越多,路由信息流量急剧增长时,OSPF 可以将每个自治系统划分为多个区域,并限制每个区域的范围。OSPF 这种分区域的特点使得 OSPF 特别适用于大中型网络。OSPF 可以提供认证功能。

④ OSPF 路由器之间的报文可以配置成必须经过认证才能进行交换。

11.1.2 OSPF 原理

OSPF 要求每台运行 OSPF 的路由器都了解整个网络的链路状态信息,这样才能计算出到达目的地的最优路由。OSPF 的收敛过程由链路状态公告(Link State Advertisement, LSA)泛洪开始,LSA 中包含路由器已知的接口 IP 地址、掩码、开销和网络类型等信息。收到 LSA 的路由器都可以根据 LSA 提供的信息建立自己的链路状态数据库(Link State Database,LSDB),并在 LSDB 的基础上使用 SPF 算法进行运算,建立到达每个网络的最短路径树。最后,通过最短路径树得出到达目的网络的最优路由,并将其加入 IP 路由表中。

如图 11-1 所示,路由器 RTA、RTB、RTC 各自泛洪,形成统一的链路状态数据库,然后以 SPF 算法各自为根建立树并确定最短路径树,最后根据最短路径树进行路由计算,得出最优路由,形成一致的路由表。

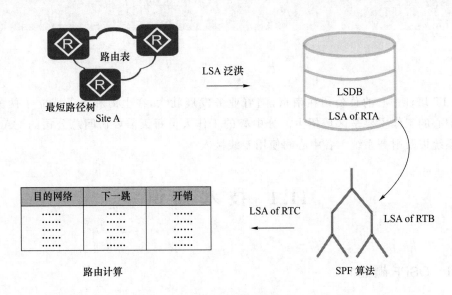

图 11-1　OSPF 原理

11.1.3　OSPF 区域

因为 OSPF 路由器之间会将所有的 LSA 相互交换,毫无保留,当网络规模达到一定程度时,LSA 将形成一个庞大的数据库,势必会给 OSPF 计算带来巨大的压力。为了降低 OSPF 计算的复杂程度,缓解计算压力,OSPF 采用分区域计算,将网络中所有 OSPF 路由器划分成不同的区域,每个区域负责各自区域精确的 LSA 传递与路由计算,然后将一个区域的 LSA 简化和汇总之后转发到另一个区域,这样一来,在区域内部拥有网络精确的 LSA,而在不同区域则传递简化的 LSA。区域是从逻辑上将路由器划分为不同的组,每个组用区域号来标识,区域是一组网段的集合。在 OSPF 中可以划分多个区域,用数字进行标识,如区域 0、区域 1、区域 2 等。

OSPF 区域相关术语如下。

① 区域边界路由器:在 OSPF 中,并不是全部接口都位于同一个区域的 OSPF 路由设备为"区域边界路由器(ABR)"。

② 骨干区域:区域 0 在 OSPF 中被称为"骨干区域",而非骨干区域之间不允许相互发布区域间路由的信息,即其他区域必须与区域 0 相连。如果某个非骨干区域客观上并不与骨干区域相连,也必须通过一种称作"虚链路"的方式与区域 0 相连。

11.1.4　Router ID

Router ID 是自治系统网络中运行 OSPF 的路由器唯一的标识,在网络中不可以重复。Router ID 是一个 32 位的值,使用 IP 地址的形式来表示,确定 Router ID 的方式如下。

① 手动指定。管理员可以为每台运行 OSPF 的路由器手动配置一个 Router ID。

② 自动选举最大的 IP 地址。如果未手动指定,设备会按照以下规则自动选举 Router ID:

- 如果设备存在多个逻辑接口地址,则路由器使用逻辑接口中最大的 IP 地址作为 Router ID。
- 如果没有配置逻辑接口,则路由器使用物理接口中最大的 IP 地址作为 Router ID。

在为一台运行 OSPF 的路由器配置新的 Router ID 后,可以在路由器上通过重置 OSPF 进程来更新 Router ID。通常建议手动配置 Router ID,以防止 Router ID 因为接口地址的变化而改变。

11.1.5　命令行视图

1. OSPF 命令格式

OSPF 的配置过程如表 11-1 所示。

表 11-1　OSPF 的配置过程

步骤	命令	解释
1	system-view	进入系统视图
2	ospf [**process-id**	router-id **router-id**]	启动 OSPF 进程,进入 OSPF 视图
3	area **area-id**	进入 OSPF 区域视图
4	network **ip-address wildcard-mask** [description **text**]	配置区域所包含的网段。其中,description 字段用于为 OSPF 指定网段配置描述信息 满足下面两个条件,接口上才能正常运行 OSPF:接口的 IP 地址掩码长度≥network 命令指定的掩码长度;接口的主 IP 地址必须在 network 命令指定的网段范围内

2. 检查配置结果

OSPF 配置成功后,检查配置步骤如表 11-2 所示。

表 11-2　OSPF 的检查配置步骤

序号	命令	解释
1	display ospf [**process-id**]cumulative	查看 OSPF 的统计信息
2	display ospf [**process-id**]lsdb	查看 OSPF 的 LSDB 信息
3	display ospf [**process-id**]peer	查看 OSPF 邻接点的信息
4	display ospf [**process-id**]routing	查看 OSPF 路由表的信息

11.2 案例配置

11.2.1 案例需求

本案例需要 3 台路由器,分别代表南京总公司、上海分中心、青岛分中心 3 个中心区,需要 3 台 PC,分别代表 3 个中心区的办公用户,最终实现所有 PC 之间相互通信。

实训目的:

- 了解 OSPF 路由协议的工作原理。
- 了解 OSPF 路由协议的应用场景。
- 掌握 OSPF 路由协议单区域的配置方式。

11.2.2 拓扑设备

配置拓扑如图 11-2 所示,设备配置地址如表 11-3 所示,本案例所选路由器设备为 3 台 AR2220,3 台终端设备 PC 分别代表南京总公司、上海分中心、青岛分中心 3 个中心区的终端用户。

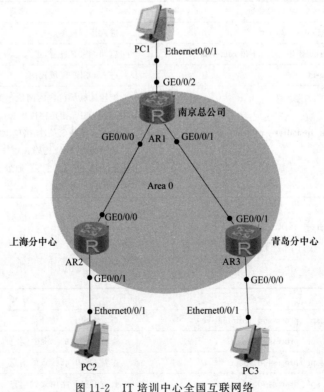

图 11-2　IT 培训中心全国互联网络

表 11-3　设备配置地址

设备	接口	IP 地址	子网掩码	网关
AR1	GE0/0/0	12.1.1.1	255.255.255.0	×
	GE0/0/1	13.1.1.1	255.255.255.0	×
	GE0/0/2	11.1.1.1	255.255.255.0	×
AR2	GE0/0/0	12.1.1.2	255.255.255.0	×
	GE0/0/1	22.1.1.1	255.255.255.0	×
AR3	GE0/0/0	33.1.1.1	255.255.255.0	×
	GE0/0/1	13.1.1.3	255.255.255.0	×
PC1	Ethernet0/0/1	11.1.1.2	255.255.255.0	11.1.1.1
PC2	Ethernet0/0/1	22.1.1.2	255.255.255.0	22.1.1.1
PC3	Ethernet0/0/1	33.1.1.2	255.255.255.0	33.1.1.1

11.2.3　案例实施

1. 总公司路由器配置

路由器 3 个端口地址的配置如表 11-3 所示，主要命令如下。

```
<Huawei> system-view
Enter system view, return user view with Ctrl + Z.
[Huawei]sysname AR1
[AR1]interface GigabitEthernet0/0/2
[AR1-GigabitEthernet0/0/2]ip address 11.1.1.1 24
[AR1-GigabitEthernet0/0/2]interface GigabitEthernet0/0/0
[AR1-GigabitEthernet0/0/0]ip address 12.1.1.1 24
[AR1-GigabitEthernet0/0/0]interface GigabitEthernet0/0/1
[AR1-GigabitEthernet0/0/1]ip address 13.1.1.1 24
[AR1-GigabitEthernet0/0/1]quit
[AR1]ospf
[AR1-ospf-1]area 0
[AR1-ospf-1-area-0.0.0.0]network 12.1.1.0 0.0.0.255
[AR1-ospf-1-area-0.0.0.0]network 13.1.1.0 0.0.0.255
[AR1-ospf-1-area-0.0.0.0]network 11.1.1.0 0.0.0.255
```

2. 上海分中心路由器配置

```
<Huawei> system-view
Enter system view, return user view with Ctrl + Z.
[Huawei]sysname AR2
[AR2]interface GigabitEthernet0/0/0
```

```
[AR2-GigabitEthernet0/0/0]ip address 12.1.1.2 24
[AR2-GigabitEthernet0/0/0]interface GigabitEthernet0/0/1
[AR2-GigabitEthernet0/0/1]ip address 22.1.1.1 24
[AR2-GigabitEthernet0/0/1]quit
[AR2]ospf
[AR2-ospf-1]area 0
[AR2-ospf-1-area-0.0.0.0]network 12.1.1.0 0.0.0.255
[AR2-ospf-1-area-0.0.0.0]network 22.1.1.0 0.0.0.255
[AR2-ospf-1-area-0.0.0.0]
```

3. 青岛分中心路由器配置

```
<Huawei>system-view
Enter system view, return user view with Ctrl + Z.
[Huawei]sysname AR3                            ^
[AR3]interface GigabitEthernet0/0/1
[AR3-GigabitEthernet0/0/1]ip address 13.1.1.3 24
[AR3-GigabitEthernet0/0/1]quit
[AR3]interface GigabitEthernet0/0/0
[AR3-GigabitEthernet0/0/0]ip address 33.1.1.1 24
[AR3-GigabitEthernet0/0/0]quit
[AR3]ospf
[AR3-ospf-1]area 0
[AR3-ospf-1-area-0.0.0.0]network 33.1.1.0 0.0.0.255
[AR3-ospf-1-area-0.0.0.0]network 13.1.1.0 0.0.0.255
[AR3-ospf-1-area-0.0.0.0]
```

4. 设置主机 IP
对照表 11-3,设置 PC1、PC2、PC3 的 IP 地址、子网掩码、网关。

5. 测试连通性
使用 ping 命令进行测试,在 PC1 上 ping PC2 和 PC3,测试结果如下。

```
PC>ping 22.1.1.2

Ping 22.1.1.2: 32 data bytes, Press Ctrl_C to break
From 22.1.1.2: bytes = 32 seq = 1 ttl = 254 time = 31 ms
From 22.1.1.2: bytes = 32 seq = 2 ttl = 254 time = 16 ms
From 22.1.1.2: bytes = 32 seq = 3 ttl = 254 time = 16 ms
From 22.1.1.2: bytes = 32 seq = 4 ttl = 254 time = 31 ms
From 22.1.1.2: bytes = 32 seq = 5 ttl = 254 time < 1 ms

--- 22.1.1.2 ping statistics ---
```

```
    5 packet(s) transmitted
    5 packet(s) received
    0.00% packet loss
    round-trip min/avg/max = 0/18/31 ms


PC> ping 33.1.1.2

Ping 33.1.1.2: 32 data bytes, Press Ctrl_C to break
From 33.1.1.2: bytes = 32 seq = 1 ttl = 126 time = 16 ms
From 33.1.1.2: bytes = 32 seq = 2 ttl = 126 time = 16 ms
From 33.1.1.2: bytes = 32 seq = 3 ttl = 126 time = 16 ms
From 33.1.1.2: bytes = 32 seq = 4 ttl = 126 time = 16 ms
From 33.1.1.2: bytes = 32 seq = 5 ttl = 126 time = 16 ms

--- 33.1.1.2 ping statistics ---
    5 packet(s) transmitted
    5 packet(s) received
    0.00% packet loss
    round-trip min/avg/max = 16/16/16 ms

PC>
```

测试结果显示：所有终端用户都可以相互通信。

11.3　常见问题与分析

① OSPF 与 RIP 的区别有哪些？

解析：

OSPF 对跨越路由器的个数没有限制，它使用的协议是链路状态路由选择协议，选择路由的度量标准是带宽、延迟。而 RIP 是距离矢量路由选择协议，它选择路由的度量标准是跳数，最大跳数是 15 跳，如果大于 15 跳，它就会丢弃数据包，RIP 没有网络延迟和链路开销的概念，路由选择基于跳数，拥有较少跳数的路由总是被选为最佳路由，即使较长的路径有较低的延迟和开销。

OSPF 的路由广播更新只发生在路由状态变化的时候，采用 IP 多路广播来发送链路状态更新信息，这样可以节约带宽。而 RIP 不是针对网络的实际情况而是定期地广播路由表，这对网络的带宽资源是极大的浪费，特别是对大型的广域网来说。

OSPF 在网络中建立起层次区域概念，在自治系统中可以划分网络区域，使路由的广播限制在一定的范围内，避免链路中资源的浪费。而 RIP 网络是一个平面网络，对网络没有分区域。

OSPF 收敛速度较快。而 RIP 收敛速度较慢,在大型网络中收敛需要几分钟。

OSPF 在路由广播时采用授权机制,使用认证功能,保证了网络安全。而 RIP 没有认证功能。

② 为什么要分区域,其优点体现在哪里?

解析:划分区域的根本原因是如果一个区域的路由器太多,势必造成 LSDB 过大,从而会对路由器资源提出更高的要求并会延缓收敛的时间。同时,一旦出现路由动荡,会造成大规模的 OSPF 重新计算,造成路由器负荷过重,进而引发更大规模的网络问题。因此,划分区域就是为了减少 OSPF 资源的要求和屏蔽网络的动荡。

11.4 拓 展 训 练

11.4.1 训练目的

理解多区域 OSPF 的使用场景;掌握多区域 OSPF 的配置方法;理解 OSPF 区域边界路由器的工作特点。

11.4.2 训练拓扑

拓扑结构如图 11-3 所示。图 11-3 中 AR4～AR7 为 AR2220 路由器。对路由器进行 OSPF 多区域配置,其中 AR5、AR6 之间要建立 OSPF 虚链路,使得区域 2 也能够在逻辑上连接到区域 0,从而实现全网互通。

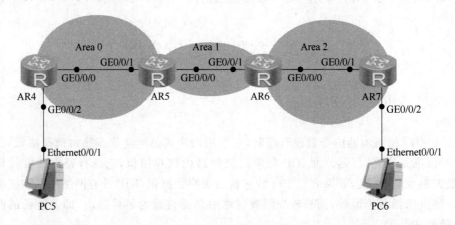

图 11-3 拓扑结构

11.4.3 训练要求

1. 网络布线

根据网络拓扑图进行网络布线。

2. 实验编址

根据网络拓扑图设计网络设备的 IP 编址,填写表 11-4 所示的地址分配表,根据需要填写,不需要填写处打×。

表 11-4　地址分配表

设备	接口	IP 地址	子网掩码	网关
AR4	GE0/0/0			
	GE0/0/2			
AR5	GE0/0/0			
	GE0/0/1			
AR6	GE0/0/0			
	GE0/0/1			
AR7	GE0/0/1			
	GE0/0/2			
PC5	Ethernet0/0/1			
PC6	Ethernet0/0/1			

3. 主要步骤

① 搭建训练环境,设置 PC5、PC6 的 IP 地址、子网掩码以及网关。

② 在路由器 AR4 上配置。

- 配置路由器名 AR4。
- 在路由器 AR4 上配置端口 GE0/0/0、GE0/0/2 的 IP 地址。
- 运行 OSPF,所在区域为 Area 0。

③ 在路由器 AR5 上配置。

- 配置路由器名 AR5。
- 在路由器 AR5 上配置端口 GE0/0/0、GE0/0/1 的 IP 地址。
- 运行 OSPF,指定路由器 ID。
- 配置虚链路。在 Area 1 视图中使用命令"vlink-peer **对端路由器 ID**"。

```
#
interface GigabitEthernet0/0/0
ip address 56.1.1.5 255.255.255.0   //具体参数请根据表 11-4 进行修改
#
interface GigabitEthernet0/0/1
ip address 45.1.1.5 255.255.255.0   //具体参数请根据表 11-4 进行修改
#
interface GigabitEthernet0/0/2
#
interface NULL0
#
```

```
ospf 1 router-id 55.1.1.1
area 0.0.0.0
  network 45.1.1.5 0.0.0.0   //具体参数请根据表 11-4 进行修改
area 0.0.0.1
  network 56.1.1.5 0.0.0.0
  vlink-peer 66.1.1.1   //具体参数请根据表 11-4 进行修改
#
```

④ 在路由器 AR6 上配置。

- 配置路由器名 AR6。
- 在路由器 AR6 上配置端口 GE0/0/0、GE0/0/1 的 IP 地址。
- 运行 OSPF,指定路由器 ID。
- 配置虚链路。在 Area 1 视图中使用命令"vlink-peer **对端路由器 ID**"。

```
#
interface GigabitEthernet0/0/0
ip address 67.1.1.6 255.255.255.0   //具体参数请根据表 11-4 进行修改
#
interface GigabitEthernet0/0/1
ip address 56.1.1.6 255.255.255.0   //具体参数请根据表 11-4 进行修改
#
interface GigabitEthernet0/0/2
#
interface NULL0
#
ospf 1 router-id 66.1.1.1
area 0.0.0.1
  network 56.1.1.6 0.0.0.0   //具体参数请根据表 11-4 进行修改
  vlink-peer 55.1.1.1   //具体参数请根据表 11-4 进行修改
area 0.0.0.2
  network 67.1.1.6 0.0.0.0   //具体参数请根据表 11-4 进行修改
#
```

⑤ 在路由器 AR7 上配置。

- 配置路由器名 AR7。
- 在路由器 AR7 上配置端口 GE0/0/1、GE0/0/2 的 IP 地址。
- 运行 OSPF,所在区域为 Area 2。

⑥ 验证测试。PC5 ping 通 PC6。

广域网技术篇

第12章 HDLC的配置

某公司开发部门通过部门路由器 AR2 连接到公司出口网关 AR1,市场部门直连到公司出口网关。AR2 与 AR1 之间的链路为串行链路,封装 HDLC 协议。最终实现各部门之间能互相访问。

12.1 技 术 知 识

12.1.1 HDLC 原理概述

高级数据链路控制(High-level Data Link Control,HDLC)是一种链路层协议,运行在同步串行链路上。HDLC 是由国际标准化组织(ISO)根据 IBM 公司的 SDLC(Synchronous Data Link Control)协议扩展开发而成的,是通信领域曾经广泛应用的一种数据链路层协议。但是随着技术的进步,目前通信信道的可靠性比过去有了非常大的改进,已经没有必要在数据链路层使用很复杂的协议(包括编号、检错重传等技术)来实现数据的可靠传输。作为窄带通信协议的 HDLC,在公网中的应用逐渐减少,只是在部分专网中用于透传数据。透传即透明传送,是指传送网络无论传输业务如何,只负责将需要传送的业务传送到目的节点,同时保证传输的质量,而不对传输的业务进行处理。

12.1.2 HDLC 的特点

HDLC 是一种面向比特的链路层协议。HDLC 传送的信息单位为帧。作为面向比特的同步数据控制协议的典型,HDLC 具有如下特点。

① HDLC 不依赖于任何一种字符编码集。

② 数据报文可透明传输,不必等待确认,可连续发送数据,用于实现透明传输的"0 比特插入法"易于硬件实现。

③ 全双工通信,有较高的数据链路传输效率。

④ 所有帧采用循环冗余校验(CRC),对信息帧进行顺序编号,可防止漏收或重收,传输

可靠性高。

⑤ 传输控制功能与处理功能分离,具有较大的灵活性和较完善的控制功能。

12.1.3 命令行视图

1. HDLC 命令格式

HDLC 的配置过程如表 12-1 所示。

表 12-1　HDLC 的配置过程

步骤	命令	解释
1	system-view	进入系统视图
2	interface **interface-type interface-number**	进入接口视图
3	link-protocol hdlc	配置接口封装的链路层协议为 HDLC

2. 检查配置结果

HDLC 基本功能配置完成之后,查看接口状态、链路层协议及配置信息,如表 12-2 所示。

表 12-2　HDLC 的检查配置步骤

序号	命令	解释
1	display interface **interface-type interface-number**	查看接口状态、链路层协议及配置信息

12.2　案 例 配 置

12.2.1 案例需求

本案例需要 2 台路由器链路为串行链路、封装 HDLC,需要 2 台 PC,分别代表开发部门、市场部门的办公用户,最终实现部门之间相互通信。

实训目的:

- 理解 HDLC 的工作场景。
- 了解 HDLC 的特点。
- 掌握 HDLC 的基本配置。

12.2.2 拓扑设备

配置拓扑如图 12-1 所示,设备配置地址如表 12-3 所示,本案例所选路由器设备为 2 台

AR2220(需要在设备里添加串口模块,设备停止后,选中设备,右击选择"设置→eNSP 支持的接口卡→2SA 模块",并拖动到视图中),2 台终端设备 PC 分别代表开发部门、市场部门。

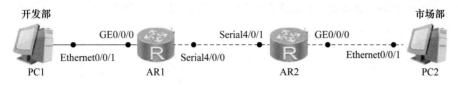

图 12-1　HDLC 接入拓扑

表 12-3　设备配置地址

设备	接口	IP 地址	子网掩码	网关
AR1	GE0/0/0	11.1.1.1	255.255.255.0	×
	Serial4/0/0	12.1.1.1	255.255.255.0	×
AR2	GE0/0/0	22.1.1.2	255.255.255.0	×
	Serial4/0/1	12.1.1.2	255.255.255.0	×
PC1	Ethernet0/0/1	11.1.1.11	255.255.255.0	11.1.1.1
PC2	Ethernet0/0/1	22.1.1.22	255.255.255.0	22.1.1.2

12.2.3　案例实施

1. 基本配置

配置 AR1、AR2 端口地址。

```
[AR1]interface GigabitEthernet0/0/0
[AR1-GigabitEthernet0/0/0]ip address 11.1.1.1 24
[AR1-GigabitEthernet0/0/0]quit
[AR1]interface Serial4/0/0
[AR1-Serial4/0/0]ip address 12.1.1.1 24
[AR1-Serial4/0/0]

[AR2]interface GigabitEthernet0/0/0
[AR2-GigabitEthernet0/0/0]ip address 22.1.1.2 24
[AR2-GigabitEthernet0/0/0]quit
[AR2]interface Serial4/0/1
[AR2-Serial4/0/1]ip address 12.1.1.2 24
[AR2-Serial4/0/1]
```

2. 配置静态路由

在 AR2 上配置默认路由指向出口网关 AR1,并在 AR1 上配置目的网段为 PC1 所在网段的路由,下一跳路由器为 AR2。

```
[AR2]ip route-static 0.0.0.0 0.0.0.0 12.1.1.1
```

```
[AR1]ip route-static 22.1.1.0 255.255.255.0 12.1.1.2
```

在 PC1 上测试与 PC2 的连通性。

```
PC > ping 22.1.1.22

Ping 22.1.1.22：32 data bytes，Press Ctrl_C to break
From 22.1.1.22：bytes = 32 seq = 1 ttl = 126 time = 16 ms
From 22.1.1.22：bytes = 32 seq = 2 ttl = 126 time = 16 ms
From 22.1.1.22：bytes = 32 seq = 3 ttl = 126 time = 16 ms
From 22.1.1.22：bytes = 32 seq = 4 ttl = 126 time = 16 ms
From 22.1.1.22：bytes = 32 seq = 5 ttl = 126 time = 16 ms

--- 22.1.1.22 ping statistics ---
  5 packet(s) transmitted
  5 packet(s) received
  0.00 % packet loss
  round-trip min/avg/max = 16/16/16 ms
```

3. 配置 HDLC

默认情况下，串行接口封装的链路层协议为 PPP，可以直接在 AR1 上使用 display interface Serial4/0/0 命令进行查看。

```
[AR1]display interface Serial4/0/0
Serial4/0/0 current state：UP
Line protocol current state：UP
Last line protocol up time：2018-07-16 22:31:38 UTC-08:00
Description:HUAWEI, AR Series, Serial4/0/0 Interface
Route Port,The Maximum Transmit Unit is 1500，Hold timer is 10(sec)
Internet Address is 12.1.1.1/24
Link layer protocol is PPP
LCP opened，IPCP opened
Last physical up time    ：2018-07-16 22:13:55 UTC-08:00
Last physical down time：2018-07-16 22:13:49 UTC-08:00
Current system time：2018-07-16 22:47:42-08:00
Physical layer is synchronous, Virtualbaudrate is 64000 bps
Interface is DTE, Cable type is V11, Clock mode is TC
Last 300 seconds input rate 7 bytes/sec 56 bits/sec 0 packets/sec
Last 300 seconds output rate 3 bytes/sec 24 bits/sec 0 packets/sec
```

```
Input: 426 packets, 14368 bytes
    Broadcast:            0,  Multicast:              0
    Errors:               0,  Runts:                  0
    Giants:               0,  CRC:                    0

    Alignments:           0,  Overruns:               0
    Dribbles:             0,  Aborts:                 0
    No Buffers:           0,  Frame Error:            0
    ---- More ----
```

在 AR1 和 AR2 的串口上分别使用 link-protocol 命令配置链路层协议为 HDLC。

```
[AR1]interface Serial4/0/0
[AR1-Serial4/0/0]link-protocol hdlc
Warning: The encapsulation protocol of the link will be changed. Continue?
[Y/N]:y

[AR2]interface Serial4/0/1
[AR2-Serial4/0/1]link-protocol hdlc
Warning: The encapsulation protocol of the link will be changed. Continue?
[Y/N]:y
```

再一次使用 display interface Serial4/0/0 命令进行查看。

```
[AR1]display interface Serial4/0/0
Serial4/0/0 current state : UP
Line protocol current state : UP
Last line protocol up time : 2018-07-16 23:01:42 UTC-08:00
Description:HUAWEI, AR Series, Serial4/0/0 Interface
Route Port,The Maximum Transmit Unit is 1500, Hold timer is 10(sec)
Internet Address is 12.1.1.1/24
Link layer protocol is nonstandard HDLC
Last physical up time   : 2018-07-16 23:01:42 UTC-08:00
Last physical down time : 2018-07-16 23:01:42 UTC-08:00
Current system time: 2018-07-16 23:04:20-08:00
Physical layer is synchronous, Virtualbaudrate is 64000 bps
Interface is DTE, Cable type is V11, Clock mode is TC
Last 300 seconds input rate 4 bytes/sec 32 bits/sec 0 packets/sec
```

```
Last 300 seconds output rate 2 bytes/sec 16 bits/sec 0 packets/sec

Input：607 packets，20276 bytes
   Broadcast：              0，  Multicast：            0
   Errors：                 0，  Runts：                0
   Giants：                 0，  CRC：                  0

   Alignments：             0，  Overruns：             0
   Dribbles：               0，  Aborts：               0
   No Buffers：             0，  Frame Error：          0

   ---- More ----
```

4. 验证配置效果

配置完成后,在 PC1 上测试与 PC2 之间的连通性。

```
PC > ping 22.1.1.22

Ping 22.1.1.22：32 data bytes，Press Ctrl_C to break
From 22.1.1.22：bytes = 32 seq = 1 ttl = 126 time = 16 ms
From 22.1.1.22：bytes = 32 seq = 2 ttl = 126 time = 16 ms
From 22.1.1.22：bytes = 32 seq = 3 ttl = 126 time = 16 ms
From 22.1.1.22：bytes = 32 seq = 4 ttl = 126 time = 16 ms
From 22.1.1.22：bytes = 32 seq = 5 ttl = 126 time = 16 ms

--- 22.1.1.22 ping statistics ---
  5 packet(s) transmitted
  5 packet(s) received
  0.00 % packet loss
  round-trip min/avg/max = 16/16/16 ms

PC >
```

以上结果显示:PC1 与 PC2 之间可以正常通信。

12.3　常见问题与分析

配置 HDLC 后,两端 ping 不通,应如何处理?

解析:故障处理步骤如下。

步骤 1:在串口接口视图下,执行 display this interface 命令,查看该接口的物理状态是否是 Up。

- 如果物理层的状态不是 Up,首先应该检查线路连接是否正确。确保接口的线路连接正确。
- 在 Serial4/0/0 接口视图下,执行 display this 命令,查看当前接口下的配置。观察物理状态是否为 Up,确认接口没有执行 shutdown 命令。如果接口的物理状态为 Down,则需要检查接口,排除接口的故障。
- 经过上述步骤,如果接口的物理状态依然是 Down,则可能板卡已经损坏,请联系华为技术支持工程师。

排除了物理层的问题后,如果物理层状态是 Up,链路协议层状态是 Down,请执行下面的步骤。

步骤2:打开 HDLC 调试开关。

```
<Huawei> debugging hdlc all

<Huawei> terminal debugging

Display the debugging information to terminal may use a large number of cpu
resource and result in systems reboot! Continue? [Y/N]:y

  % Current terminal debugging is on

<Huawei> terminal monitor
```

当打开 HDLC 调试开关后,会显示接收和发送报文的详细信息。

步骤3:检查两端配置情况。

在用户视图下执行 display interface **interface-type interface-number** 命令,或在相应的接口视图下执行 display this interface 命令,查看两端是否同时封装了 HDLC。是,则执行下面的步骤;否,则进行修改,使两端同时封装 HDLC,并执行 restart 命令重启接口,若问题仍然存在,请继续执行下面的步骤。

步骤4:检查两端配置的轮询时间间隔是否一致。

如果不一致,则修改配置,使两端轮询时间间隔一致或同时不配置轮询。修改完毕后,执行 restart 命令重启接口。

12.4　拓展训练

12.4.1　训练目的

掌握 HDLC 的配置。

理解 HDLC 的工作原理。

熟悉掌握 HDLC 配置结果的检查方法。

12.4.2 训练拓扑

拓扑结构如图 12-2 所示。图 12-2 中 AR4、AR5、AR6 为 AR2220 路由器（添加串口 2SA 模块），最终实现 PC 主机之间互通。

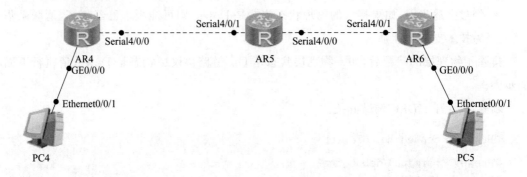

图 12-2 拓扑结构

12.4.3 训练要求

1. 网络布线

根据网络拓扑图进行网络布线。

2. 实验编址

根据网络拓扑图设计网络设备的 IP 编址，填写表 12-4 所示的地址分配表，根据需要填写，不需要填写处打×。

表 12-4 地址分配表

设备	接口	IP 地址	子网掩码	网关
AR4	GE0/0/0			
	Serial4/0/0			
AR5	Serial4/0/0			
	Serial4/0/1			
AR6	Serial4/0/1			
	GE0/0/0			
PC4	Ethernet0/0/1			
PC5	Ethernet0/0/1			

3. 主要步骤

① 搭建训练环境，设置 PC4、PC5 的 IP 地址、子网掩码以及网关。

② 基本配置。配置 AR4、AR5、AR6 的路由器名、接口地址信息。

③ 配置静态路由。配置拓扑结构中所有路由器的静态路由。

④ 配置 HDLC。在 AR4、AR5、AR6 的串口上分别使用 link-protocol 命令配置链路层协议为 HDLC。

⑤ 验证测试。配置完成后,在 PC4 上测试与 PC5 之间的连通性。

第13章 PPP的配置

某公司分支机构的开发部门通过部门路由器接入端网关设备 AR1 连接到公司总部出口网关 AR2,市场部门直连到公司总部出口网关。出于安全角度考虑,IT 部门在分支机构访问总部市场部门时部署 PPP 认证,AR1 是被认证方路由器,AR2 是认证方路由器,AR1 与 AR2 之间的链路为串行链路,封装 PPP 并进行认证,从而建立 PPP 连接进行正常访问。

13.1 技 术 知 识

13.1.1 PPP 原理概述

点对点协议(Point-to-Point Protocol,PPP)为在点对点连接上传输多协议数据包提供了一个标准方法。PPP 位于数据链路层,是一种为同等单元之间传输数据包这样的简单链路设计的链路层协议。这种链路提供全双工操作,并按照顺序传输数据包。

PPP 最初的设计目的是为两个对等节点之间的 IP 流量传输提供一种封装协议。在 TCP/IP 协议集中,PPP 是一种用于同步调制连接的数据链路层(OSI 模型中的第二层)协议,替代了原来非标准的第二层协议,即 SLIP。除 IP 以外,PPP 还可以携带其他协议,包括 DECnet 和 Novell 的 Internet 网包交换(IPX)。设计目的主要是通过拨号或专线方式建立点对点连接发送数据,使其成为各种主机、网桥和路由器之间简单连接的一种共通的解决方案。

相对于其他二层封装协议,PPP 的最大优势在于其支持认证。常用的 PPP 认证有 PAP 认证和 CHAP 认证。

13.1.2 PPP 组件

PPP 主要由两个组件构成:链路控制协议(Link Control Protocol,LCP)和网络控制协议(Network Control Protocol,NCP)。PPP 的工作原理也依赖于这两个核心组件。

　　LCP 的作用:主要负责两个网络设备之间链路的创建、维护、安全鉴别,完成通信后的链路终止等。

　　NCP 的作用:主要负责将许多不同的第三层网络协议报文(如 TCP/IP、IPX/SPX、NetBEUI 等)进行封装,NCP 工作在 LCP 阶段之后。

13.1.3　PPP 认证

　　PPP 使用 LCP 报文来协商连接(一种发送配置请求,然后接收响应的简单握手过程),协商中双方获得当前点对点连接的状态配置等,之后的"鉴别"阶段使用哪种鉴别方式也在这个协商中确定下来。

　　鉴别阶段是可选的,如果链接协商阶段并没有设置鉴别方式,则将忽略鉴别阶段直接进入"网络"阶段。鉴别阶段使用链接协商阶段确定下来的鉴别方式来为连接授权,以起到保证点对点连接安全,防止非法终端接入点对点链路的作用。常用的鉴别认证方式有 CHAP 认证和 PAP 认证。

　　1. PAP 认证

　　密码认证协议(Password Authentication Protocol,PAP)是一种典型的明文认证协议。

　　PAP 主要通过两次握手(即仅通过来回两个报文)提供一种对等节点建立认证的简单方法,这建立在初始链路确定的基础上。被认证方(客户端)向认证方(服务器端)以明文方式发送认证信息,包含用户名和密码。如果用户名和密码与服务器里保存的一致,则通过认证,否则不能通过认证(通过两次握手)。PAP 认证可以分为单向认证和双向认证。

　　鉴于 PAP 认证的不安全性,我们力求寻找更加安全的协议,即 CHAP 认证。

　　2. CHAP 认证

　　挑战握手认证协议(Challenge-Handshake Authentication Protocol,CHAP)是 PPP 链路上基于密文发送的三次握手协议。

　　LCP 协商完成后,认证方发起挑战"Challenge",将 Challenge 报文发送给被认证方,报文中含有 Identifier 信息和一个随机产生的 Challenge 字符串。此 Identifier 会被后续报文使用,一次认证过程所使用的报文均使用相同的 Identifier 信息,用于匹配请求报文和回应报文。

　　被认证方收到"Challenge"后,进行一次加密运算,运算公式为 MD5{Identifier+密码+Challenge},得到一个 16 字节长的摘要信息,最后将此摘要信息和端口上配置的 CHAP 用户名一起封装在 Response 报文中并发回认证方。

　　认证方收到被认证方发送的 Response 报文之后,根据其中的用户名在本地查找相应的密码信息,得到密码信息后进行一次加密运算,运算方式和被认证方的加密运算方式相同,然后比较加密运算得到的摘要信息和 Response 报文中封装的摘要信息,相同则表示认证成功,不相同则表示认证失败。

　　使用 CHAP 认证方式时,被认证方的密码是使用 Hash 进行传输的密文,而 MD5 算法是不可逆的,无法通过结果得到原始的密码,这样就极大地提高了安全性。

13.1.4 命令行视图

1. PPP 命令格式

① 配置接口封装的链路层协议为 PPP,认证方与被认证方皆要运行 PPP,配置过程如表 13-1 所示。

表 13-1 PPP 的配置过程

步骤	命令	解释
1	system-view	进入系统视图
2	interface **interface-type interface-number**	进入指定的接口视图
3	link-protocol ppp	配置当前接口封装的链路层协议为 PPP。缺省情况下,接口封装的链路层协议为 PPP
4	ip address **ip-address** 〔**mask** │**mask-length**〕	为接口指定 IP 地址

② 配置认证方以 PAP 方式认证对端,配置过程如表 13-2 所示。

表 13-2 PAP 认证方配置过程

步骤	命令	解释
1	system-view	进入系统视图
2	interface **interface-type interface-number**	进入指定的接口视图
3	ppp authentication-mode pap	配置 PPP 认证方式为 PAP。缺省情况下,PPP 不进行认证
4	quit	退回到系统视图
5	aaa	进入 AAA 视图
6	local-user **user-name** password 〔 cipher │ simple 〕 **password**	配置本地用户的用户名和密码。这里配置的用户名和密码要和被认证方配置的认证用户名和密码一致
7	local-user **user-name** service-type ppp	配置本地用户使用的服务类型为 PPP

③ 配置被认证方以 PAP 方式被对端认证,配置过程如表 13-3 所示。

表 13-3 PAP 被认证方配置过程

步骤	命令	解释
1	system-view	进入系统视图
2	interface **interface-type interface-number**	进入指定的接口视图
3	ppp pap local-user **username** password 〔 cipher │ simple〕 **password**	配置 PAP 认证的用户名和密码

④ 配置认证方以 CHAP 方式认证对端,配置过程如表 13-4 所示。

表 13-4　CHAP 认证方配置过程

步骤	命令	解释
1	system-view	进入系统视图
2	interface **interface-type interface-number**	进入指定的接口视图
3	ppp authentication-mode chap	配置 PPP 认证方式为 CHAP。缺省情况下，PPP 不进行认证
4	quit	退回到系统视图
5	aaa	进入 AAA 视图
6	local-user **user-name** password｛ cipher ｜ simple ｝**password**	配置本地用户的用户名和密码。这里配置的用户名和密码要和被认证方配置的认证用户名和密码一致
7	local-user **user-name** service-type ppp	配置本地用户使用的服务类型为 PPP

⑤ 配置被认证方以 CHAP 方式被对端认证，配置过程如表 13-5 所示。

表 13-5　CHAP 被认证方配置过程

步骤	命令	解释
1	system-view	进入系统视图
2	interface **interface-type interface-number**	进入指定的接口视图
3	ppp chap user **username**	配置 CHAP 认证的用户名
4	ppp chap password｛ cipher ｜simple｝**password**	配置 CHAP 认证的密码

2. 检查配置结果

① 检查认证方的配置。PPP 配置完成后，可以查看配置是否正确，如 PPP 认证方式、认证的用户名、认证密码等，如表 13-6 所示。

表 13-6　PPP 认证方检查配置步骤

序号	命令	解释
1	system-view	进入系统视图
2	interface **interface-type interface-number**	进入指定的接口视图
3	display this	查看接口下配置的 PPP 认证方式
4	display local-user	查看本地用户的配置情况

② 检查被认证方的配置。被认证方的配置比较简单，只需要检查配置 PPP 的接口下的 CHAP/PAP 认证的用户名和密码配置是否正确，如表 13-7 所示。

表 13-7　PPP 被认证方检查配置步骤

序号	命令	解释
1	system-view	进入系统视图
2	interface **interface-type interface-number**	进入指定的接口视图
3	display this	查看接口下配置的 PPP 认证用户名和密码

13.2 案例配置

13.2.1 案例需求

本案例需要 2 台路由器通过串行链路连接,封装 PPP,分别作为认证方和被认证方,需要 2 台 PC,分别代表开发部、市场部用户,并实现开发部和市场部 PC 之间相互通信。

实训目的:

- 掌握配置 PAP 认证的方法。
- 掌握配置 CHAP 认证的方法。
- 理解 PAP 认证与 CHAP 认证的区别。

13.2.2 拓扑设备

配置拓扑如图 13-1 所示,设备配置地址如表 13-8 所示,本案例所选路由器设备为 2 台 AR2220(需要在设备里添加串口模块,设备停止后,选中设备,右击选择"设置→eNSP 支持的接口卡→2SA 模块",并拖动到视图中),2 台终端设备 PC 分别代表开发部门、市场部门。

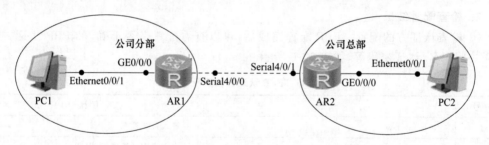

图 13-1   PPP 拓扑结构

表 13-8   设备配置地址

设备	接口	IP 地址	子网掩码	网关
AR1	GE0/0/0	11.1.1.1	255.255.255.0	×
	Serial4/0/0	12.1.1.1	255.255.255.0	×
AR2	GE0/0/0	22.1.1.2	255.255.255.0	×
	Serial4/0/1	12.1.1.2	255.255.255.0	×
PC1	Ethernet0/0/1	11.1.1.11	255.255.255.0	11.1.1.1
PC2	Ethernet0/0/1	22.1.1.22	255.255.255.0	22.1.1.2

13.2.3　案例实施

1. PAP 认证的配置

PAP 认证中,口令以明文方式在链路上发送,完成 PPP 链路建立后,被认证方会不停地在链路上反复发送用户名和口令,直到身份认证过程结束,所以安全性不高。在实际应用过程中,对安全性要求不高时可以采用 PAP 认证建立 PPP 连接。本案例根据图 13-1 进行配置实施。

(1) 基本配置

配置 AR1、AR2 端口地址。

```
[AR1]interface GigabitEthernet0/0/0
[AR1-GigabitEthernet0/0/0]ip address 11.1.1.1 24
[AR1-GigabitEthernet0/0/0]quit
[AR1]interface Serial4/0/0
[AR1-Serial4/0/0]ip address 12.1.1.1 24

[AR2]interface GigabitEthernet0/0/0
[AR2-GigabitEthernet0/0/0]ip address 22.1.1.2 24
[AR2-GigabitEthernet0/0/0]quit
[AR2]interface Serial4/0/1
[AR2-Serial4/0/1]ip address 12.1.1.2 24
[AR2-Serial4/0/1]
```

在路由器 AR1 上验证与路由器 AR2 的连通性。

```
<AR1>ping 12.1.1.2
   PING 12.1.1.2: 56 data bytes, press CTRL_C to break
    Reply from 12.1.1.2: bytes = 56 Sequence = 1 ttl = 255 time = 30 ms
    Reply from 12.1.1.2: bytes = 56 Sequence = 2 ttl = 255 time = 20 ms
    Reply from 12.1.1.2: bytes = 56 Sequence = 3 ttl = 255 time = 20 ms
    Reply from 12.1.1.2: bytes = 56 Sequence = 4 ttl = 255 time = 30 ms
    Reply from 12.1.1.2: bytes = 56 Sequence = 5 ttl = 255 time = 20 ms

   --- 12.1.1.2 ping statistics ---
    5 packet(s) transmitted
    5 packet(s) received
    0.00% packet loss
    round-trip min/avg/max = 20/24/30 ms

<AR1>
```

（2）搭建 OSPF 网络

在每台路由器上配置 OSPF，并通告相应网段到区域 0 内。

```
[AR1]ospf
[AR1-ospf-1]area 0
[AR1-ospf-1-area-0.0.0.0]network 12.1.1.0 0.0.0.255
[AR1-ospf-1-area-0.0.0.0]network 11.1.1.0 0.0.0.255

[AR2]ospf
[AR2-ospf-1]area 0
[AR2-ospf-1-area-0.0.0.0]network 12.1.1.0 0.0.0.255
[AR2-ospf-1-area-0.0.0.0]network 22.1.1.0 0.0.0.255
```

配置完成后，测试公司分部与公司总部之间的连通性，即在 PC1 上测试与 PC2 的连通性。

```
PC＞ping 22.1.1.22

Ping 22.1.1.22：32 data bytes, Press Ctrl_C to break
From 22.1.1.22：bytes = 32 seq = 1 ttl = 126 time = 16 ms
From 22.1.1.22：bytes = 32 seq = 2 ttl = 126 time = 16 ms
From 22.1.1.22：bytes = 32 seq = 3 ttl = 126 time = 16 ms
From 22.1.1.22：bytes = 32 seq = 4 ttl = 126 time = 16 ms
From 22.1.1.22：bytes = 32 seq = 5 ttl = 126 time = 16 ms

--- 22.1.1.22 ping statistics ---
  5 packet(s) transmitted
  5 packet(s) received
  0.00% packet loss
  round-trip min/avg/max = 16/16/16 ms
```

（3）配置 PAP 认证

为了提升公司分部与公司总部通信时的安全性，在公司分部网关设备 AR1 与公司总部核心设备 AR2 上部署 PPP 的 PAP 认证。AR2 作为认证方路由器，AR1 作为被认证方路由器。

```
[AR2]interface Serial4/0/1
[AR2-Serial4/0/1]ppp authentication-mode pap
[AR2-Serial4/0/1]quit
[AR2]aaa
[AR2-aaa]local-user Duomi password cipher ?
  STRING<1-32>/<32-56>   The UNENCRYPTED/ENCRYPTED password string
```

[AR2-aaa]local-user Duomi password cipher GGDM

Info：Add a new user.

[AR2-aaa]local-user Duomi service-type ppp

[AR2-aaa]

关闭 AR1 与 AR2 相连接口一段时间后再打开，使 AR1 与 AR2 之间的链路重新协商，查看链路状态，并验证公司分部与公司总部之间的连通性。

[AR2]interface Serial4/0/1

[AR2-Serial4/0/1]shutdown

[AR2-Serial4/0/1]undo shutdown

< AR2 > display ip interface brief

* down：administratively down

^down：standby

(1)：loopback

(s)：spoofing

The number of interface that is UP in Physical is 3

The number of interface that is DOWN in Physical is 3

The number of interface that is UP in Protocol is 2

The number of interface that is DOWN in Protocol is 4

Interface	IP Address/Mask	Physical	Protocol
GigabitEthernet0/0/0	22.1.1.2/24	up	up
GigabitEthernet0/0/1	unassigned	down	down
GigabitEthernet0/0/2	unassigned	down	down
NULL0	unassigned	up	up(s)
Serial4/0/0	unassigned	down	down
Serial4/0/1	**12.1.1.2/24**	**up**	**down**

< AR2 >

< AR1 > ping 12.1.1.2

　PING 12.1.1.2：56 data bytes，press CTRL_C to break

　　Request time out

　　Request time out

　　Request time out

　　Request time out

　　Request time out

　--- 12.1.1.2 ping statistics ---

　　5 packet(s) transmitted

　　0 packet(s) received

```
    100.00% packet loss


<AR1>
```

结果显示不能正常通信。这是因为没有配置被认证方被对端以 PAP 方式认证时本地发送的用户名和密码。

```
[AR1]interface Serial4/0/0
[AR1-Serial4/0/0]ppp pap local-user Duomi password cipher GGDM
```

配置完成后,再次查看链路状态并测试连通性。

```
<AR2>display ip interface brief
*down: administratively down
^down: standby
(l): loopback
(s): spoofing
The number of interface that is UP in Physical is 3
The number of interface that is DOWN in Physical is 3
The number of interface that is UP in Protocol is 3
The number of interface that is DOWN in Protocol is 3
```

Interface	IP Address/Mask	Physical	Protocol
GigabitEthernet0/0/0	22.1.1.2/24	up	up
GigabitEthernet0/0/1	unassigned	down	down
GigabitEthernet0/0/2	unassigned	down	down
NULL0	unassigned	up	up(s)
Serial4/0/0	unassigned	down	down
Serial4/0/1	**12.1.1.2/24**	**up**	**up**

```
<AR2>


<AR1>ping 12.1.1.2
  PING 12.1.1.2: 56 data bytes, press CTRL_C to break
    Reply from 12.1.1.2: bytes = 56 Sequence = 1 ttl = 255 time = 20 ms
    Reply from 12.1.1.2: bytes = 56 Sequence = 2 ttl = 255 time = 20 ms
    Reply from 12.1.1.2: bytes = 56 Sequence = 3 ttl = 255 time = 30 ms
    Reply from 12.1.1.2: bytes = 56 Sequence = 4 ttl = 255 time = 20 ms
    Reply from 12.1.1.2: bytes = 56 Sequence = 5 ttl = 255 time = 20 ms

  --- 12.1.1.2 ping statistics ---
  5 packet(s) transmitted
```

```
    5 packet(s) received
    0.00% packet loss
    round-trip min/avg/max = 20/22/30 ms


<AR1>
```

（4）验证配置效果

配置完成后,在 PC1 上测试与 PC2 之间的连通性。

```
PC>ping 22.1.1.22

Ping 22.1.1.22: 32 data bytes, Press Ctrl_C to break
From 22.1.1.22: bytes = 32 seq = 1 ttl = 126 time = 16 ms
From 22.1.1.22: bytes = 32 seq = 2 ttl = 126 time = 16 ms
From 22.1.1.22: bytes = 32 seq = 3 ttl = 126 time = 16 ms
From 22.1.1.22: bytes = 32 seq = 4 ttl = 126 time = 16 ms
From 22.1.1.22: bytes = 32 seq = 5 ttl = 126 time = 16 ms

--- 22.1.1.22 ping statistics ---
   5 packet(s) transmitted
   5 packet(s) received
   0.00% packet loss
   round-trip min/avg/max = 16/16/16 ms


PC>
```

以上结果显示:公司总部与公司分部的终端通信正常。

在路由器 AR1 上查看接口 Serial4/0/0 抓包分析,可以观察到,在数据包中很容易找到所配置的用户名和密码。"Peer-ID"显示内容为用户名,"Password"显示内容为密码,具体内容如图 13-2 所示。

2. CHAP 认证的配置

CHAP 认证中,认证协议为三次握手协议。CHAP 认证只在网络上传输用户名,并不传输密码,因此安全性比 PAP 认证高。在实际应用过程中,对安全性要求较高时可以采用 CHAP 认证建立 PPP 连接。本案例是在 PAP 配置后进行的,根据图 13-1 进行配置实施。基本配置、OSPF 路由配置、认证方 AAA 配置见 PAP 认证配置部分内容。

（1）清除 PAP 认证配置

这里只删除被认证方的 PAP 配置,其他配置以及认证方的配置无须删除。

```
[AR1]interface Serial4/0/0
[AR1-Serial4/0/0]undo ppp pap local-user
```

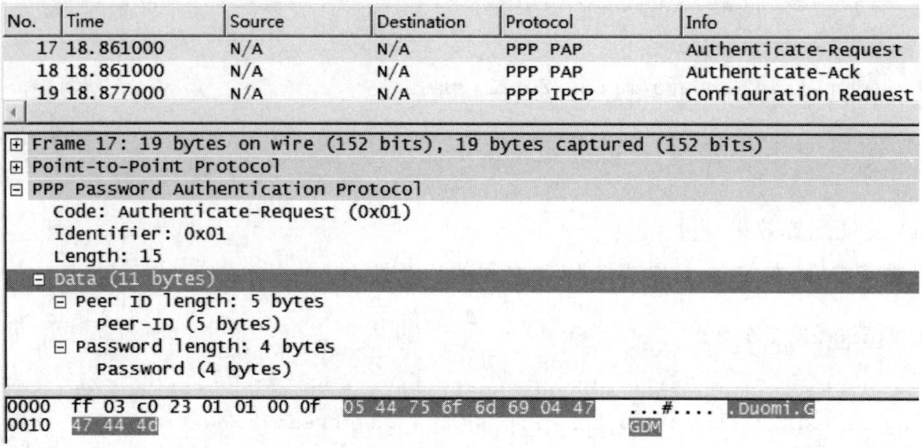

No.	Time	Source	Destination	Protocol	Info
17	18.861000	N/A	N/A	PPP PAP	Authenticate-Request
18	18.861000	N/A	N/A	PPP PAP	Authenticate-Ack
19	18.877000	N/A	N/A	PPP IPCP	Configuration Request

```
⊞ Frame 17: 19 bytes on wire (152 bits), 19 bytes captured (152 bits)
⊞ Point-to-Point Protocol
⊟ PPP Password Authentication Protocol
    Code: Authenticate-Request (0x01)
    Identifier: 0x01
    Length: 15
  ⊟ Data (11 bytes)
    ⊟ Peer ID length: 5 bytes
        Peer-ID (5 bytes)
    ⊟ Password length: 4 bytes
        Password (4 bytes)

0000  ff 03 c0 23 01 01 00 0f  05 44 75 6f 6d 69 04 47    ...#.... .Duomi.G
0010  47 44 4d                                            GDM
```

图 13-2 抓包分析(一)

（2）配置 CHAP 认证

AR2 作为认证方路由器，AR1 作为被认证方路由器。

```
[AR2]interface Serial4/0/1
[AR2-Serial4/0/1]display this
[V200R003C00]
#
interface Serial4/0/1
link-protocol ppp
ppp authentication-mode pap
ip address 12.1.1.2 255.255.255.0
#
return
[AR2-Serial4/0/1]ppp authentication-mode chap   //将 PAP 认证修改为 CHAP 认证
[AR2-Serial4/0/1]
```

关闭 AR1 与 AR2 相连接口一段时间后再打开，使 AR1 与 AR2 之间的链路重新协商，并验证公司分部与公司总部之间的连通性。

```
[AR2]interface Serial4/0/1
[AR2-Serial4/0/1]shutdown
[AR2-Serial4/0/1]undo shutdown

<AR1>ping 12.1.1.2
  PING 12.1.1.2: 56 data bytes, press CTRL_C to break
    Request time out
    Request time out
    Request time out
```

```
    Request time out
    Request time out

 --- 12.1.1.2 ping statistics ---
    5 packet(s) transmitted
    0 packet(s) received
    100.00% packet loss

<AR1>
```

结果显示不能正常通信。这是因为此时被认证方没有配置用户名和密码。在 AR1 上配置用户名和密码。

```
[AR1-Serial4/0/0]ppp chap user duomi   //被认证方配置用户名
[AR1-Serial4/0/0]ppp chap password cipher GGDM   //被认证方配置密码
```

配置完成后,测试 AR1 与 AR2 的连通性。

```
<AR1>ping 12.1.1.2
    PING 12.1.1.2: 56 data bytes, press CTRL_C to break
    Reply from 12.1.1.2: bytes = 56 Sequence = 1 ttl = 255 time = 20 ms
    Reply from 12.1.1.2: bytes = 56 Sequence = 2 ttl = 255 time = 20 ms
    Reply from 12.1.1.2: bytes = 56 Sequence = 3 ttl = 255 time = 30 ms
    Reply from 12.1.1.2: bytes = 56 Sequence = 4 ttl = 255 time = 20 ms
    Reply from 12.1.1.2: bytes = 56 Sequence = 5 ttl = 255 time = 20 ms

 --- 12.1.1.2 ping statistics ---
    5 packet(s) transmitted
    5 packet(s) received
    0.00% packet loss
    round-trip min/avg/max = 20/22/30 ms

<AR1>
```

(3) 验证配置效果

配置完成后,在 PC1 上测试与 PC2 之间的连通性。

```
PC>ping 22.1.1.22

Ping 22.1.1.22: 32 data bytes, Press Ctrl_C to break
From 22.1.1.22: bytes = 32 seq = 1 ttl = 126 time = 16 ms
From 22.1.1.22: bytes = 32 seq = 2 ttl = 126 time = 16 ms
From 22.1.1.22: bytes = 32 seq = 3 ttl = 126 time = 16 ms
```

```
From 22.1.1.22: bytes = 32 seq = 4 ttl = 126 time = 16 ms
From 22.1.1.22: bytes = 32 seq = 5 ttl = 126 time = 16 ms


--- 22.1.1.22 ping statistics ---
  5 packet(s) transmitted
  5 packet(s) received
  0.00% packet loss
  round-trip min/avg/max = 16/16/16 ms


PC >
```

以上结果显示:公司总部与公司分部的终端通信正常。

在路由器 AR1 上查看接口 Serial4/0/0 抓包分析,如图 13-3 所示,可以观察到,数据包内容已经为加密方式发送,无法被攻击者截获认证密码,安全性得到了提升。

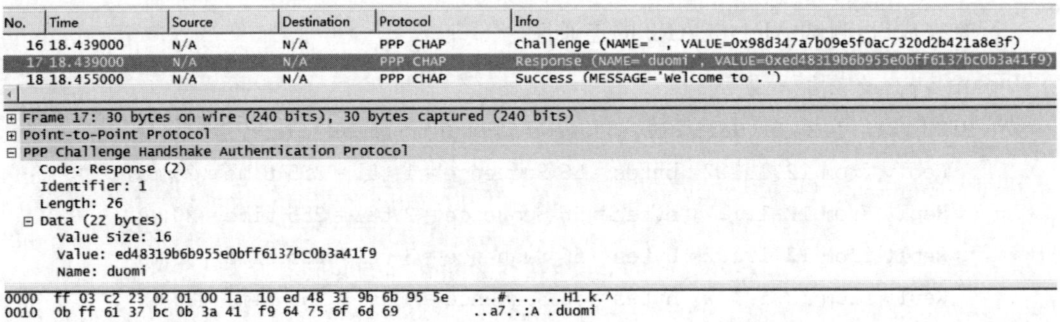

No.	Time	Source	Destination	Protocol	Info
16	18.439000	N/A	N/A	PPP CHAP	Challenge (NAME='', VALUE=0x98d347a7b09e5f0ac7320d2b421a8e3f)
17	18.439000	N/A	N/A	PPP CHAP	Response (NAME='duomi', VALUE=0xed48319b6b955e0bff6137bc0b3a41f9)
18	18.455000	N/A	N/A	PPP CHAP	Success (MESSAGE='welcome to .')

```
⊞ Frame 17: 30 bytes on wire (240 bits), 30 bytes captured (240 bits)
⊞ Point-to-Point Protocol
⊟ PPP Challenge Handshake Authentication Protocol
    Code: Response (2)
    Identifier: 1
    Length: 26
  ⊟ Data (22 bytes)
      Value Size: 16
      Value: ed48319b6b955e0bff6137bc0b3a41f9
      Name: duomi
0000  ff 03 c2 23 02 01 00 1a  10 ed 48 31 9b 6b 95 5e   ...#.... ..H1.k.^
0010  0b ff 61 37 bc 0b 3a 41  f9 64 75 6f 6d 69         ..a7..:A .duomi
```

图 13-3 抓包分析(二)

13.3 常见问题与分析

① 在接口上配置 PPP 以后,LCP 协商不成功导致接口协议 Down 的常见原因有哪些?
解析:故障的常见原因如下。
- 链路两端接口上的 PPP 相关配置错误。
- 接口的物理层没有 Up。
- PPP 报文被丢弃。
- 链路存在环路。
- 检查链路延时是否影响上层业务。

② 当 PPP 链路 Up 后,在 PPP 链路一端加上认证配置而另一端不加,为什么在重启端口后认证才能生效,使双方不能正常通信?
解析:PPP 认证的协商发生在 PPP 会话建立阶段,当 PPP 会话成功建立后,PPP 链路将一直保持通信,不再更改协商的参数,直至关闭这条链路的连接。只有关闭连接后重新建

立会话时才重新协商参数,认证方式的更改才能生效。

13.4　拓　展　训　练

13.4.1　训练目的

掌握配置 CHAP 认证的方法。

理解 CHAP 的工作原理。

熟悉掌握 CHAP 配置结果的检查方法。

13.4.2　训练拓扑

拓扑结构如图 13-4 所示。图 13-4 中 AR4、AR5、AR6 为 AR2220 路由器(需要在设备里添加串口模块),最终实现 PC 主机之间互通。

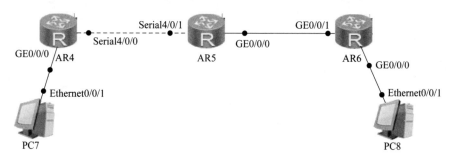

图 13-4　拓扑结构

13.4.3　训练要求

1. 网络布线

根据网络拓扑图进行网络布线。

2. 实验编址

根据网络拓扑图设计网络设备的 IP 编址,填写表 13-9 所示的地址分配表,根据需要填写,不需要填写处打×。

表 13-9　地址分配表

设备	接口	IP 地址	子网掩码	网关
AR4	GE0/0/0			
	Serial4/0/0			

设备	接口	IP 地址	子网掩码	网关
AR5	GE0/0/0			
	Serial4/0/1			
AR6	GE0/0/0			
	GE0/0/1			
PC7	Ethernet0/0/1			
PC8	Ethernet0/0/1			

3. 主要步骤

① 搭建训练环境,设置 PC7、PC8 的 IP 地址、子网掩码以及网关。

② 基本配置。配置 AR4、AR5、AR6 的路由器名、接口地址信息。

③ 配置 OSPF。配置拓扑结构中所有路由器的 OSPF 路由协议。

④ 配置 CHAP,路由器 AR4 作为被认证方,路由器 AR5 作为认证方。

⑤ 验证测试。配置完成后,在 PC7 上测试与 PC8 之间的连通性。

第14章 网络地址转换技术

随着 Internet 的发展和网络应用的增多,IPv4 地址枯竭已经成为制约网络发展的瓶颈。尽管 IPv6 可以从根本上解决 IPv4 地址空间不足的问题,但目前众多的网络设备和网络应用仍是基于 IPv4 的,因此在 IPv6 广泛应用之前,一些过渡技术的使用是解决这个问题的主要技术手段。目前,我们较多使用的过渡技术就是网络地址转换技术。通过对本章的学习,读者需掌握网络地址转换技术的工作原理和基本配置。

14.1 技 术 知 识

14.1.1 NAT 简介

网络地址转换(Network Address Translation,NAT)于 1994 年提出。当在专用网内部的一些主机本来已经分配到了本地 IP 地址(即仅在本专用网内使用的专用地址),但现在又想和 Internet 上的主机通信(并不需要加密)时,可使用 NAT 方法。

这种方法需要在专用网连接到 Internet 的路由器上安装 NAT 软件。装有 NAT 软件的路由器叫作 NAT 路由器,它至少有一个有效的外部全球 IP 地址。这样一来,所有使用本地地址的主机在和外界通信时,都要在 NAT 路由器上将其本地地址转换成全球 IP 地址,才能和 Internet 连接。

NAT 不仅能解决 IP 地址不足的问题,还能够有效地避免来自网络外部的攻击,隐藏并保护网络内部的计算机。NAT 技术的功能特色如下。

① 宽带分享:这是 NAT 主机的最大功能。

② 安全防护:NAT 之内的 PC 联机到 Internet 上时,所显示的 IP 是 NAT 主机的公共 IP,所以,客户端的 PC 具有一定程度的安全性,外界在进行 portscan(端口扫描)时,就侦测不到源客户端的 PC。

14.1.2 技术背景

在深入了解 NAT 之前,先了解现在 IPv4 地址的使用情况,在 IPv4 地址中,按使用的对象可分为公有地址和私有地址。私有 IP 地址是指内部网络或主机的 IP 地址,公有 IP 地址是指在 Internet 上全球唯一的 IP 地址。RFC 1918 为私有网络预留了 3 个 IP 地址块,如下:

A 类:10.0.0.0~10.255.255.255。

B 类:172.16.0.0~172.31.255.255。

C 类:192.168.0.0~192.168.255.255。

上述 3 个范围内的地址不会在 Internet 上被分配,因此可以不必向互联网服务提供商(ISP)或注册中心申请而在公司或企业内部自由使用。

随着接入 Internet 的计算机数量不断猛增,IP 地址资源愈加显得捉襟见肘。事实上,除了中国教育和科研计算机网(CERNET)外,一般用户几乎申请不到整段的 C 类 IP 地址。在其他 ISP 那里,即使是拥有几百台计算机的大型局域网用户,当他们申请 IP 地址时,所分配的也不过只有几个或十几个 IP 地址。显然,这样少的 IP 地址根本无法满足网络用户的需求,于是产生了 NAT 技术。

虽然 NAT 可以借助于某些代理服务器来实现,但考虑运算成本和网络性能,很多时候都是在路由器上实现的。

14.1.3 实现方式

目前 NAT 的常用实现方式有 4 种,即静态转换(静态 NAT)、动态转换(动态 NAT)、端口多路复用(OverLoad)和 Easy IP。

1. 静态转换

静态转换是指将内部网络的私有 IP 地址转换为公有 IP 地址,IP 地址对是一对一的,是一成不变的,某个私有 IP 地址只转换为某个公有 IP 地址。借助于静态转换,可以实现外部网络对内部网络中某些特定设备(如服务器)的访问。静态转换如图 14-1 所示。

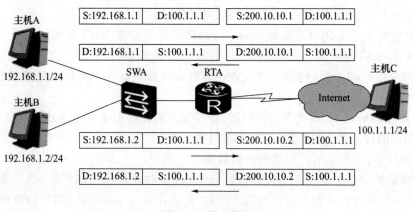

图 14-1 静态转换

2. 动态转换

动态转换是指将内部网络的私有 IP 地址转换为公有 IP 地址时,IP 地址是不确定的,是随机的,所有被授权访问 Internet 的私有 IP 地址可随机转换为任何指定的合法 IP 地址。也就是说,只要指定哪些内部地址可以进行转换,以及用哪些合法地址作为外部地址,就可以进行动态转换。动态转换可以使用多个合法外部地址集。当 ISP 提供的合法 IP 地址略少于网络内部的计算机数量时,可以采用动态转换的方式。动态转换基于地址池来实现私有地址和公有地址的转换。动态转换如图 14-2 所示。

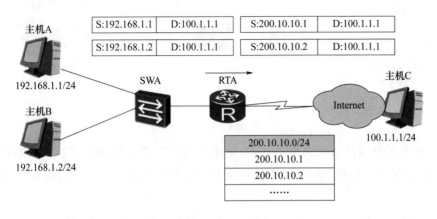

图 14-2 动态转换

3. 端口多路复用

端口多路复用是指改变外出数据包的源端口并进行端口转换,即网络地址端口转换(Network Address Port Translation,NAPT)采用端口多路复用方式。内部网络的所有主机均可共享一个合法外部 IP 地址,实现对 Internet 的访问,从而最大限度地节约 IP 地址资源。同时,又可隐藏网络内部的所有主机,有效避免来自 Internet 的攻击。因此,目前网络中应用最多的就是端口多路复用方式。端口多路复用如图 14-3 所示。

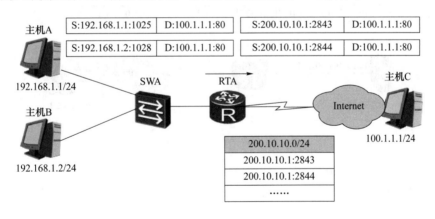

图 14-3 端口多路复用

4. Easy IP

Easy IP 适用于小规模局域网中的主机访问 Internet 的场景。小规模局域网通常部署在小型的网吧或者办公室中,这些地方内部主机不多,出接口可以通过拨号方式获取一个临时公网 IP 地址。Easy IP 可以实现内部主机使用这个临时公网 IP 地址访问 Internet。Easy IP 如图 14-4 所示。

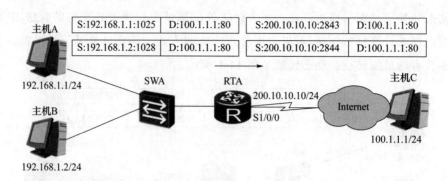

图 14-4　Easy IP

　　NAT 在使私网用户访问公网的同时,屏蔽了公网用户访问私网主机的需求。当一个私网需要向公网用户提供 Web 和 FTP 服务时,私网中的服务器必须随时可供公网用户访问。

　　NAT 服务器可以实现这个需求,但是需要将服务器私网 IP 地址和端口号转换为公网 IP 地址和端口号并发布出去。路由器在收到一个公网主机的请求报文后,根据报文的目的 IP 地址和端口号查询地址转换表项,路由器根据匹配的地址转换表项,将报文的目的 IP 地址和端口号转换成私网 IP 地址和端口号,并转发报文到私网中的服务器。NAT 服务器如图 14-5 所示。

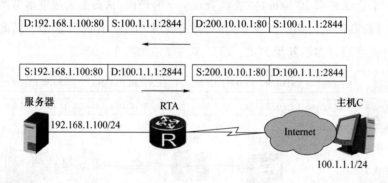

图 14-5　NAT 服务器

14.1.4　命令行视图

1. 配置静态 NAT

静态 NAT 配置过程如表 14-1 所示。

表 14-1　静态 NAT 配置过程

步骤	命令	解释
1	system-view	进入系统视图
2	interface **interface-type interface-number**	进入接口视图

续　表

步骤	命令	解释
3	ip address **ip-address** 〈**mask**｜**mask-length**〉	配置接口的 IP 地址 　一般进行地址转换的设备称为 NAT 转换器,有专有的 NAT 转换器,也可以用具有 NAT 转换功能的路由器来代替。本章中都用具有 NAT 转换功能的路由器来代替 　配置接口的 IP 地址一般需要配置 NAT 转换器的进口和出口两个接口的地址
4	nat static global 〈**global-address**〉 inside 〈**host-address**〉	创建静态 NAT。global-address 参数用于配置外部地址,host-address 参数用于配置内部地址

2. 配置动态 NAT

动态 NAT 配置过程如表 14-2 所示。

表 14-2　动态 NAT 配置过程

步骤	命令	解释
1	system-view	进入系统视图
2	interface **interface-type interface-number**	进入接口视图
3	nat address-group 〈［ address-group **number** ］［ **start-ip-address** ］［**end-ip-address** ］〉	配置 NAT 地址池
4	acl **acl-number**	定义一个访问控制列表
5	rule ［ **rule-id** ］〈 deny｜permit〉 source 〈**source-address source-wildcard**｜any 〉	配置 ACL 规则
6	quit	退出
7	nat outbound〈**acl-number**〉〈address-group **number**〉 no-pat	使用 nat outbound 命令将 ACL 与待转换的网段的流量关联起来,并使地址池(address-group)中的地址进行地址转换。no-pat 表示只转换数据报文的地址而不转换端口信息

3. 配置 NAPT

NAPT 配置过程如表 14-3 所示。

表 14-3　NAPT 配置过程

步骤	命令	解释
1	system-view	进入系统视图
2	interface **interface-type interface-number**	进入接口视图

续 表

步骤	命令	解释
3	nat address-group {[address-group **number**][**start-ip-address**][**end-ip-address**]}	配置 NAT 地址池
4	acl **acl-number**	定义一个访问控制列表
5	rule [**rule-id**] {deny ｜ permit } source {**source-address source-wildcard** ｜any }	配置 ACL 规则
6	quit	退出
7	nat outbound{**acl-number** }{address-group **number** }	NAPT 的配置方式和动态 NAT 类似,在最后调用公网和私网地址池时不加 no-pat 参数即可

4. 配置 Easy IP

Easy IP 配置过程如表 14-4 所示。

表 14-4   Easy IP 配置过程

步骤	命令	解释
1	system-view	进入系统视图
2	interface **interface-type interface-number**	进入接口视图
3	acl **acl-number**	定义一个访问控制列表
4	rule [**rule-id**] {deny ｜ permit } source {**source-address source-wildcard** ｜any }	配置 ACL 规则
5	quit	退出
6	interface **interface-type interface-number**	进入设备的出口
7	nat outbound **acl-number**	配置 Easy IP 地址转换

5. 配置 NAT 服务器

NAT 服务器配置过程如表 14-5 所示。

表 14-5   NAT 服务器配置过程

步骤	命令	解释
1	system-view	进入系统视图
2	interface **interface-type interface-number**	进入接口视图
3	ip address **ip-address** {**mask**｜**mask-length**}	分别配置 NAT 服务器进口和出口的 IP 地址
4	nat server [protocol {**protocol-number** ｜ icmp ｜ tcp ｜ udp} global{**global-address** ｜ current-interface **global-port** } inside {**host-address host-port** } vpn-instance **vpn-instance-name** acl **acl-number** description **description**]	定义一个内部服务器的映射表,外部用户可以通过公网地址和端口来访问内部服务器。protocol 指定一个需要地址转换的协议;global-address 指定需要转换的公网地址;inside 指定内部服务器的地址

14.1.5　检查配置结果

NAT 功能配置成功后,检查配置命令如表 14-6 所示。

表 14-6　NAT 功能配置检查

命令	解释
display nat static	查看静态 NAT 的配置
display nat address-group **group-number**	查看 NAT 地址池配置信息
display nat outbound	查看 NAT Outbound 配置信息

14.2　案　例　配　置

14.2.1　案例需求

本案例模拟企业网络场景。AR1 是公司的出口网关路由器,公司内员工和服务器都通过交换机 S1 或 S2 连接到 AR1 上,AR2 模拟外网设备与 AR1 直连。由于公司内网都使用私有 IP 地址,为了实现公司内部分员工可以访问外网,服务器可以供外网用户访问,网络管理员需要在路由器 AR1 上配置 NAT,使用静态 NAT 和动态 NAT 技术使部分员工可以访问外网,使用 NAT 服务器技术使服务器可以供外网用户访问。

实训目的:
- 理解 NAT 的应用场景。
- 掌握静态 NAT 的配置。
- 掌握动态 NAT 的配置。
- 掌握 Easy IP 的配置。
- 掌握 NAT 服务器的配置。

14.2.2　拓扑设备

配置拓扑如图 14-6 所示,设备配置地址如表 14-7 所示,本案例所选交换机设备为 2 台 S3700,另有 2 台 AR2220 路由器,3 台 PC,1 台服务器。其中:AR1 具有 NAT 功能。

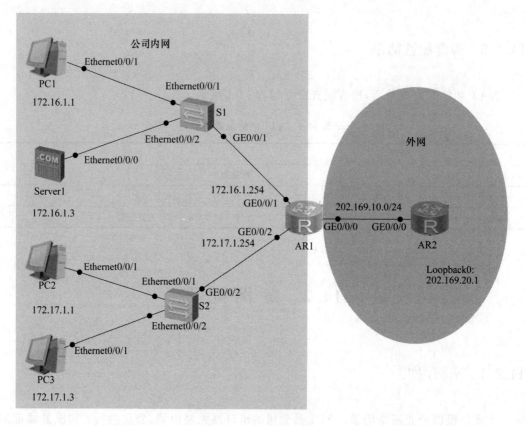

图 14-6　NAT 拓扑环境

表 14-7　设备配置地址

设备	接口	IP 地址	子网掩码
AR1	GE0/0/0	202.169.10.1	255.255.255.0
	GE0/0/1	172.16.1.254	255.255.255.0
	GE0/0/2	172.17.1.254	255.255.255.0
AR2	GE0/0/0	202.169.10.2	255.255.255.0
	Loopback0	202.169.20.1	255.255.255.0
PC1	Ethernet0/0/1	172.16.1.1	255.255.255.0
PC2	Ethernet0/0/1	172.17.1.1	255.255.255.0
PC3	Ethernet0/0/1	172.17.1.3	255.255.255.0
Server1	Ethernet0/0/0	172.16.1.3	255.255.255.0

14.2.3　案例实施

1. 基本配置

根据案例要求,完成相关设备的 IP 地址的配置,并连通(此处配置省略)。

在 AR2 的 GE0/0/0 接口上的环回口 Loopback0 配置地址。

```
[AR2]interface LoopBack0
[AR2-LoopBack0]ip address 202.169.20.1 24
```

2. 在 AR1 上配置静态 NAT(一对一)

公司在网关路由器 AR1 上配置访问外网的默认路由。

```
[AR1]ip route-static 0.0.0.0 0 202.169.10.2
```

由于内网使用的都是私有地址,员工无法直接访问公网。现在需要在网关路由器 AR1 上配置 NAT,将私网地址转换为公网地址。

PC1 为部门领导使用的终端,不仅需要 PC1 能访问外网,还需要外网用户能直接访问 PC1,因此网络管理员分配一个公网 IP 地址 202.169.10.5 给 PC1 做地址转换。在 AR1 的 GE0/0/0 接口下使用 nat static 命令配置内部地址到外部地址的一对一转换。

```
[AR1]interface GigabitEthernet0/0/0
[AR1-GigabitEthernet0/0/0]nat static global 202.169.10.5 inside 172.16.1.1
```

实验测试如下。

① 在 AR1 上查看静态 NAT 配置信息。在系统视图下输入 display nat static,运行结果如下。

```
[AR1]display nat static
  Static Nat Information:
  Interface  : GigabitEthernet0/0/0
    Global IP/Port    : 202.169.10.5/----
    Inside IP/Port    : 172.16.1.1/----
    Protocol : ----
    VPN instance-name  : ----
    Acl number    : ----
    Netmask  : 255.255.255.255
    Description : ----

  Total :    1
```

② 在 PC1 设备中测试网络互通性。在 Telnet 客户端设备用户视图下 ping AR2 设备的 IP 地址 202.169.20.1,ping 通说明网络是互通的,已完成静态 NAT 的配置,测试结果如下。

```
ping 202.169.20.1
  PING 202.169.20.1: 32 data bytes, press CTRL_C to break
    Reply from 202.169.20.1: bytes = 32 Sequence = 1 ttl = 255 time = 10 ms
    Reply from 202.169.20.1: bytes = 32 Sequence = 2 ttl = 255 time = 50 ms
    Reply from 202.169.20.1: bytes = 32 Sequence = 3 ttl = 255 time = 50 ms
    Reply from 202.169.20.1: bytes = 32 Sequence = 4 ttl = 255 time = 50 ms
```

Reply from 202.169.20.1：bytes = 32 Sequence = 5 ttl = 255 time = 50 ms

--- 202.169.20.1 ping statistics ---

5 packet(s) transmitted

5 packet(s) received

0.00% packet loss

round-trip min/avg/max = 10/42/50 ms

PC1 通过静态 NAT 成功访问外网,在路由器 AR1 的 GE0/0/0 接口抓包查看地址是否转换成功,结果如图 14-7 所示。

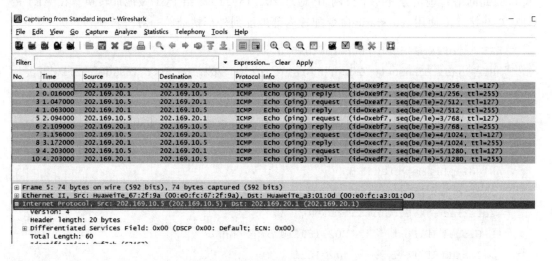

图 14-7　AR1 的 GE0/0/0 接口抓包(一)

可以看到 AR1 已经成功把来自 PC1 的 ICMP 报文的源地址 172.16.1.1 转换成公网地址 202.169.10.5。在 AR2 使用的环回口 Loopback0 模拟外网用户访问 PC1,在 PC1 的 Ethernet0/0/1 接口抓包观察,如图 14-8 所示。

[AR2]ping -a 202.169.20.1 202.169.10.5

PING 202.169.20.5：56 data bytes, press CTRL_C to break

Reply from 202.169.10.5：bytes = 56 Sequence = 1 ttl = 127 time = 10 ms

Reply from 202.169.10.5：bytes = 56 Sequence = 2 ttl = 127 time = 50 ms

Reply from 202.169.10.5：bytes = 56 Sequence = 3 ttl = 127 time = 40 ms

Reply from 202.169.10.5：bytes = 56 Sequence = 4 ttl = 127 time = 70 ms

Reply from 202.169.10.5：bytes = 56 Sequence = 5 ttl = 127 time = 50 ms

--- 202.169.10.5 ping statistics ---

5 packet(s) transmitted

5 packet(s) received

0.00 % packet loss

round-trip min/avg/max = 10/44/70 ms

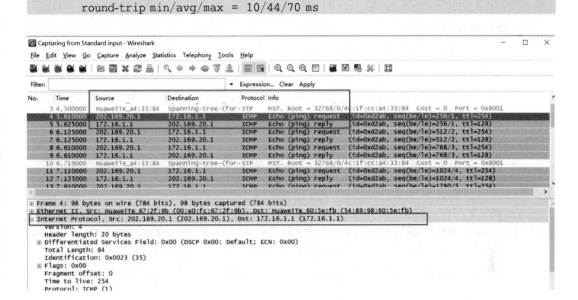

图 14-8　PC1 的 Ethernet0/0/1 接口抓包

可以发现 PC1 的私网地址被转换为唯一的公网地址，外网用户也能主动访问 PC1，且数据包经过 AR1 进入内网时，AR1 把目的 IP 地址转换为与公网地址 202.169.10.5 对应的私网地址 172.16.1.1 并发给 PC1。

3. 在 AR1 上配置动态 NAT（多对多）

配置市场部的员工都能够访问外网。市场部使用私网 IP 地址 172.17.1.0/24 网段，现在要求使用公网地址池 202.169.10.50～202.169.10.60 为市场部员工做 NAT 转换。

在 AR1 上使用 nat address-group 命令配置 NAT 地址池，设置起始地址和结束地址分别为 202.169.10.50 和 202.169.10.60。

```
[AR1]nat address-group 1 202.169.10.50 202.169.10.60
```

创建基本 ACL 2000，匹配 172.17.1.0。

```
[AR1]acl 2000
[AR1-acl-basic-2000]rule 5 permit source 172.17.1.0 0.0.0.255
```

在 GE0/0/0 接口使用 nat outbound 命令将 ACL 2000 与地址池相关联，使得 ACL 中规定的地址可以使用地址池进行地址转换。

```
[AR1]interface GigabitEthernet0/0/0
[AR1-GigabitEthernet0/0/0]nat outbound 2000 address-group 1 no-pat
```

配置完成后，在 AR1 上查看 NAT Outbound 的信息。

```
[AR1]display nat outbound
NAT Outbound Information:
---------------------------------------------------------------
```

Interface	Acl	Address-group/IP/Interface	Type
GigabitEthernet0/0/0	2000	1	no-pat

Total : 1

在 PC2 上测试与外网的连通性,并在 AR1 的 GE0/0/0 接口抓包观察地址转换情况,如图 14-9 所示。

```
ping 202.169.20.1
  PING 202.169.20.1: 32 data bytes, press CTRL_C to break
    Reply from 202.169.20.1: bytes = 32 Sequence = 1 ttl = 254 time = 40 ms
    Reply from 202.169.20.1: bytes = 32 Sequence = 2 ttl = 254 time = 56 ms
    Reply from 202.169.20.1: bytes = 32 Sequence = 3 ttl = 254 time = 60 ms
    Reply from 202.169.20.1: bytes = 32 Sequence = 4 ttl = 254 time = 65 ms
    Reply from 202.169.20.1: bytes = 32 Sequence = 5 ttl = 254 time = 55 ms

  --- 202.169.20.1 ping statistics ---
    5 packet(s) transmitted
    5 packet(s) received
    0.00 % packet loss
    round-trip min/avg/max = 40/55/65 ms
```

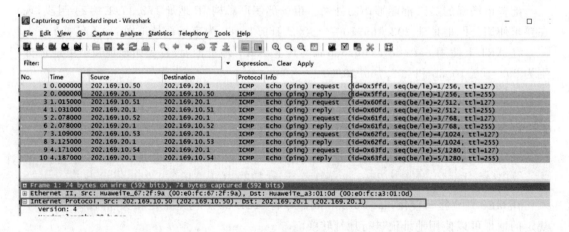

图 14-9 AR1 的 GE0/0/0 接口抓包(二)

PC2 ping 通外网,通过抓包分析,在 AR1 的 GE0/0/0 接口上,来自 PC2 的 ICMP 数据包的源地址 172.17.1.1 被转换为地址池中的第一个地址 202.169.10.50。

4. 配置 Easy IP(多对一)

由于公司发展人员扩招,若继续使用多对多的 NAT,就必须增加公司地址池中的地址数。为了节约公网地址,网络管理员使用多对一的 Easy IP 转换方式满足公司员工访问外网的需求。

在 AR1 的 GE0/0/0 接口上删除 NAT Outbound 配置,并使用 nat outbound 命令配置 Easy IP,直接使用接口 IP 地址作为转换后的地址。

```
[AR1]interface GigabitEthernet0/0/0
[AR1-GigabitEthernet0/0/0]undo nat outbound 2000 address-group 1 no-pat
[AR1-GigabitEthernet0/0/0]nat outbound 2000
```

配置完成后,在 PC2 和 PC3 上使用 UDP 发包工具发送 UDP 数据包到公网地址 202. 169.20.1,配置好目的 IP 和 UDP 源、目的端口号后,输入字符串数据并单击"发送"按钮,如图 14-10 和图 14-11 所示。

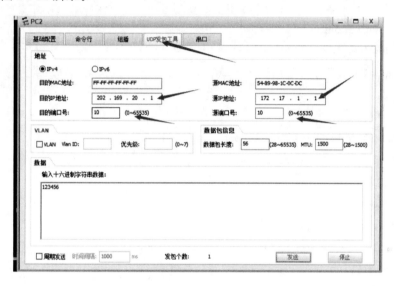

图 14-10 PC2 发包配置

图 14-11 PC3 发包配置

发送完成后,在 AR1 上查看 NAT Session 的详细信息。

```
< AR1 > display nat session protocol udp verbose
  NAT Session Table Information：


    Protocol          : UDP(17)
    SrcAddr  Port Vpn : 172.17.1.1        2560
    DestAddr Port Vpn : 202.169.20.1      2560
    Time To Live      : 120 s
    NAT-Info
      New SrcAddr     : 202.169.10.1
      New SrcPort     : 10241
      New DestAddr    : ----
      New DestPort    : ----


  Total：1
< AR1 > display nat session protocol udp verbose
  NAT Session Table Information：


    Protocol          : UDP(17)
    SrcAddr  Port Vpn : 172.17.1.3        2560
    DestAddr Port Vpn : 202.169.20.1      2560
    Time To Live      : 120 s
    NAT-Info
      New SrcAddr     : 202.169.10.1
      New SrcPort     : 10242
      New DestAddr    : ----
      New DestPort    : ----


  Total：1
```

可以看到,源地址为 172.17.1.1 的 UDP 数据包被新源地址 202.169.10.1 和新源端口号 10241 替换,源地址为 172.17.1.3 的 UDP 数据包被新源地址 202.169.10.1 和新源端口号 10242 替换,AR1 借用自身 GE0/0/0 接口的公网 IP 地址为所有私网地址做 NAT 转换,使用不同的端口号来区分不同私网数据,此方式不需要创建地址池,大大节省了地址空间。

5. 配置 NAT 服务器

公司内服务器提供 FTP 服务供外网用户访问,配置 NAT 服务器并使用公网 IP 地址202.169.10.6 对外公布服务器地址,然后开启 NAT ALG(Application Layer Gateways,应用层网关)功能,因为对于封装在 IP 数据报文中的应用层协议报文,正常的 NAT 转换会导致错误,在开启某应用层协议的 NAT ALG 功能后,该应用层协议报文可以正常进行 NAT

转换,否则该应用层协议不能正常工作。

在 AR1 的 GE0/0/0 接口上,使用 nat server 命令定义内部服务器的映射表,指定服务器通信协议类型为 TCP,配置服务器使用的公网 IP 地址为 202.169.10.6,服务器内网通信地址为 172.16.1.3,指定端口为 21,该常用端口号可以直接使用关键字"ftp"代替。

```
[AR1]interface GigabitEthernet0/0/0
[AR1-GigabitEthernet0/0/0]nat server protocol tcp global 202.169.10.6 ftp
inside 172.16.1.3 ftp
```

配置完成后,在 AR1 上查看 NAT Server 信息。

```
<AR1>display nat server
  Nat Server Information:
  Interface  : GigabitEthernet0/0/0
    Global IP/Port    : 202.169.10.6/21(ftp)
    Inside IP/Port    : 172.16.1.3/21(ftp)
    Protocol : 6(tcp)
    VPN instance-name  : ----
    Acl number      : ----
    Description : ----

  Total :     1
```

可以看到,配置已经生效,现在我们去服务器终端开启服务器的 FTP 功能,如图 14-12 所示。

图 14-12　开启服务器的 FTP 功能

设置完成后,在 AR2 上模拟公网用户访问该私网服务器。

```
<AR2>ftp 202.169.10.6
Trying 202.169.10.6 ...

Press CTRL+K to abort
Connected to 202.169.10.6.
220 FtpServerTry FtpD for free
User(202.169.10.6:(none)):huawei
331 Password required for huawei .
Enter password:
230 User huawei logged in , proceed

[AR2-ftp]ls
200 Port command okay.
150 Opening ASCII NO-PRINT mode data connection for ls -l.
1065C639-7548-47f0-AA97-AA437DB98C2D
14.topo
1C2E3CA8-53B9-4de7-9E7C-2369D9392C06
87313E69-ED98-4d8a-8662-4F79E54B7F1E
B616AC6C-2E23-4c20-BD1B-BC827900EC49
DBCCE8A6-0F42-4a35-A3B5-E96B810F2017
226 Transfer finished successfully. Data connection closed.
FTP: 199 byte(s) received in 3.600 second(s) 55.27byte(s)/sec.
```

可以看到,公网用户可以成功登入公司内的私网服务器。

14.3　常见问题与分析

什么情况下需要使用 NAT 的双向转换?

解析:当两个私有网络的 IP 地址相同(发生重叠),并且希望实现相互访问时,可以通过中间的设备部署双向转换。

14.4　拓 展 训 练

14.4.1　训练目的

熟悉静态 NAT、动态 NAT 和 Easy IP 等基本配置命令的使用。

14.4.2 训练拓扑

拓扑结构如图 14-13 所示。

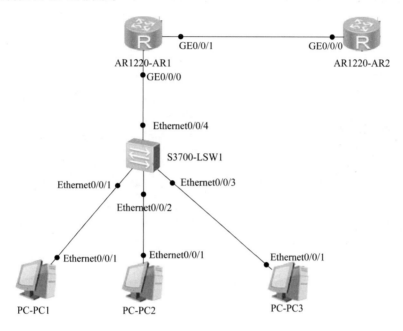

图 14-13 拓扑结构

14.4.3 训练要求

1. 网络布线

根据网络拓扑图进行网络布线。

2. 实验编址

根据网络拓扑图设计网络设备的 IP 编址,填写表 14-8 所示的地址分配表。

表 14-8 地址分配表

设备	接口	IP 地址	子网掩码
AR1	GE0/0/0		
	GE0/0/1		
AR2	GE0/0/0		
	Loopback0		
PC1	Ethernet0/0/1		
PC2	Ethernet0/0/1		
PC3	Ethernet0/0/1		

3. 实现功能

① 在路由器上部署静态 NAT 技术,实现公司员工(私网)访问 Internet(公网)。

② 在路由器上部署动态 NAT 技术,实现公司员工(私网)访问 Internet(公网)。

③ 在路由器上部署 Easy IP 技术,实现公司员工(私网)访问 Internet(公网)。

网络服务与网络安全篇

第15章 DHCP的配置

随着业务发展壮大,某公司内部客户端不断增加,办公规模从起初的几间办公室发展为整栋大楼。为了方便管理员的管理,网络 IP 分配形式也从静态分配改为动态分配,即利用 DHCP 实现分配。

15.1 技 术 知 识

15.1.1 DHCP 概述

动态主机配置协议(Dynamic Host Configuration Protocol,DHCP)是 IETF 为实现 IP 的自动配置而设计的协议,它可以为客户机自动分配 IP 地址、子网掩码以及缺省网关、DNS 服务器的 IP 地址等 TCP/IP 参数。

DHCP 是一个基于广播的协议,它的操作可以归结为 4 个阶段,分别是 IP 租用请求、IP 租用提供、IP 租用选择和 IP 租用确认。

1. IP 租用请求

在任何时候,客户计算机如果设置为自动获取 IP 地址,那么它在开机时就会检查自己当前是否租用了一个 IP 地址,如果没有,它就向 DHCP 服务器请求一个租用。由于该客户计算机并不知道 DHCP 服务器的地址,因此会将 255.255.255.255 作为目标地址,源地址使用 0.0.0.0,在网络上广播一个 DHCP Discover 消息,该消息包含客户计算机的 MAC 地址以及它的网上基本输入输出系统(NetBIOS)名字。

2. IP 租用提供

当 DHCP 服务器接收到一个来自客户的 IP 租用请求时,它会根据自己的作用域地址池为该客户保留一个 IP 地址并且在网络上广播一个 DHCP Offer 消息,该消息包含客户的 MAC 地址,服务器所能提供的 IP 地址、子网掩码、租用期限,以及提供该租用的 DHCP 服务器本身的 IP 地址。

3. IP 租用选择

如果子网还存在其他 DHCP 服务器,那么客户机在接受了某个 DHCP 服务器的 DHCP Offer 消息后,会广播一条包含提供租用的服务器的 IP 地址的 DHCP Request 消息,在该子网中通告所有其他 DHCP 服务器它已经接受了一个地址的提供,其他 DHCP 服务器在接收到这条消息后,就会撤销为该客户提供的租用,然后把为该客户分配的租用地址返回到地址池中,该地址将可以重新作为一个有效地址供别的计算机使用。

4. IP 租用确认

DHCP 服务器接收到来自客户的 DHCP Request 消息后,就开始配置过程的最后一个阶段,这个确认阶段由 DHCP 服务器发送一个 DHCP ACK 包给客户,该包包括一个租用期限和客户所请求的所有其他配置信息。

15.1.2 DHCP 相关术语

1. DHCP 服务器

DHCP 服务器(DHCP Server)负责客户端 IP 地址的分配。客户端向服务器发送配置申请报文(包括 IP 地址、子网掩码、缺省网关等参数),服务器根据策略返回携带相应配置信息的报文,请求报文和回应报文都采用 UDP 进行封装。

2. DHCP 中继

DHCP 中继(DHCP Relay)是为解决服务器和客户端不在同一个网段而提出来的,它提供对 DHCP 广播报文的透明传输功能,能够把 DHCP 客户端的广播报文透明地传送到其他网段的 DHCP 服务器上,同样能够把 DHCP 服务器端的广播报文透明地传送到其他网段的 DHCP 客户端。

15.1.3 命令行视图

1. DHCP 命令格式

DHCP 的全局地址池配置过程如表 15-1 所示。

表 15-1 DHCP 的全局地址池配置过程

步骤	命令	解释
1	system-view	进入系统视图
2	dhcp enable	使能 DHCP 服务
3	interface **interface-type interface-number**	进入接口视图
4	ip address **ip-address**〈**mask**∣**mask-length**〉	配置接口的 IP 地址 配置了接口的 IP 地址后,此接口下的用户申请 IP 地址时: 　　如果 DHCP 客户端和 DHCP 服务器处于同一个网段,中间没有中继设备,则会选择与此接口的 IP 地址在同一个网段的地址池来分配 IP 地址。如果接口未配置 IP 地址,或者没有选择和接口地址在相同网段的地址池,则用户无法上线 　　如果 DHCP 客户端和 DHCP 服务器处于不同网段,中间存在中继设备,则需解析收到的 DHCP 请求报文中 giaddr 字段指定的 IP 地址,如果该 IP 地址匹配不到相应的地址池,则用户上线失败
5	dhcp select global	配置接口工作在全局地址池模式,从该接口上线的用户可以从全局地址池中获取 IP 地址等配置信息

DHCP 的全局地址池相关属性配置过程如表 15-2 所示。

表 15-2　DHCP 的全局地址池相关属性配置过程

步骤	命令	解释
1	system-view	进入系统视图
2	ip pool **ip-pool-name**	进入全局地址池视图
3	network **ip-address** ［mask｛**mask** ｜ **mask-length**｝］	配置全局地址池可动态分配的 IP 地址范围
4	lease｛day **day** ［hour **hour** ［minute **minute**］］｜ unlimited｝	配置 IP 地址租期。缺省情况下,IP 地址的租期为 1 天。对于不同的地址池,DHCP 服务器可以指定不同的地址租用期限,但同一地址池中的地址具有相同的期限
5	excluded-ip-address **start-ip-address** ［end-ip-address］	配置地址池中不参与自动分配的 IP 地址
6	domain-name **domain-name**	配置分配给 DHCP 客户端的 DNS
7	dns-list **ip-address** &＜1-8＞	为 DHCP 客户端指定 DNS 服务器的 IP 地址
8	gateway-list **ip-address** &＜1-8＞	配置 DHCP 客户端的出口网关地址

DHCP 中继的配置过程如表 15-3 所示。

表 15-3　DHCP 中继的配置过程

步骤	命令	解释
1	system-view	进入系统视图
2	dhcp enable	使能 DHCP 服务
3	dhcp server group **group-name**	创建 DHCP 服务器组并进入 DHCP 服务器组视图
4	dhcp-server **ip-address**	向 DHCP 服务器组中添加 DHCP 服务器
5	quit	退出
6	interface **interface-type interface-number**	进入接口视图
7	ip address **ip-address** ｛**mask** ｜ **mask-length**｝	配置接口的 IP 地址。配置服务器上 IP 地址池的出口网关时,出口网关的 IP 地址和 DHCP 中继的 IP 地址必须完全一致
8	dhcp select relay	启动接口的 DHCP 中继功能
9	dhcp relay server-select **group-name**	指定接口对应的 DHCP 服务器组

2. 检查配置结果

DHCP 功能配置成功后,检查配置步骤如表 15-4 所示。

表 15-4　DHCP 的检查配置步骤

序号	命令	解释
1	display dhcp server statistics	查看 DHCP 服务器的统计信息
2	display ip pool name **ip-pool-name**	查看已经配置的全局地址池信息

序号	命令	解释
3	display ip pool interface **interface-name**	查看已经配置的接口地址池信息
4	display dhcp relay〔all│interface **interface-type interface-number**〕	查看接口配置的中继 DHCP 服务器组和服务器组对应的服务器
5	display dhcp relay statistics	查看 DHCP 中继统计信息

15.2 案 例 配 置

15.2.1 案例需求

本案例需要 2 台路由器,分别模拟 DHCP 服务器、DHCP 中继;需要一台交换机,作为接入层设备使用;需要 2 台 PC,模拟终端设备。

实训目的:

* 了解 DHCP 的工作原理。
* 掌握将华为路由器配置为 DHCP 服务器的方法。
* 掌握将华为路由器配置为 DHCP 中继的方法。

15.2.2 拓扑设备

配置拓扑如图 15-1 所示,设备配置地址如表 15-5 所示,本案例所选路由器设备为 2 台 AR2220,另有一台交换机(不需要对其进行配置),2 台终端设备 PC 代表 DHCP 客户端。

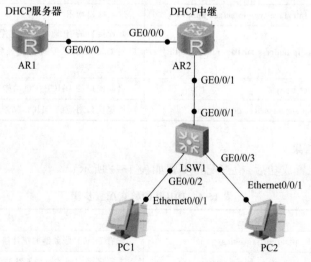

图 15-1 DHCP 拓扑环境

表 15-5　设备配置地址

设备	接口	IP 地址	子网掩码
AR1	GE0/0/0	12.1.1.1	255.255.255.0
AR2	GE0/0/0	12.1.1.2	255.255.255.0
	GE0/0/1	22.1.1.2	255.255.255.0
LSW1	GE0/0/1	×	×
	GE0/0/2	×	×
	GE0/0/3	×	×
PC1	Ethernet0/0/1	自动获取	自动获取
PC2	Ethernet0/0/1	自动获取	自动获取

15.2.3　案例实施

1. DHCP 服务器的配置

AR1 代表 DHCP 服务器,对 AR1 的主要配置命令如下。

```
<Huawei> system-view
Enter system view, return user view with Ctrl + Z.
[Huawei]sysname AR1
[AR1]interface GigabitEthernet0/0/0
[AR1-GigabitEthernet0/0/0]ip address 12.1.1.1 24
[AR1-GigabitEthernet0/0/0]quit
[AR1]dhcp enable
[AR1]ip pool DMGG
[AR1-ip-pool-DMGG]network 22.1.1.0 mask 255.255.255.0
[AR1-ip-pool-DMGG]gateway-list 22.1.1.2
[AR1-ip-pool-DMGG]excluded-ip-address 22.1.1.50 22.1.1.100
[AR1-ip-pool-DMGG]lease day 5
[AR1-ip-pool-DMGG]dns-list 8.8.8.8
[AR1-ip-pool-DMGG]quit
[AR1]interface GigabitEthernet0/0/0
[AR1-GigabitEthernet0/0/0]dhcp select global
[AR1-GigabitEthernet0/0/0]
```

2. DHCP 中继的配置

AR2 代表 DHCP 中继,对 AR2 的主要配置命令如下。

```
< Huawei > system-view
Enter system view, return user view with Ctrl + Z.
[Huawei]sysname AR2
[AR2]interface GigabitEthernet0/0/0
[AR2-GigabitEthernet0/0/0]ip address 12.1.1.2 24
[AR2-GigabitEthernet0/0/0]interface GigabitEthernet0/0/1
[AR2-GigabitEthernet0/0/1]ip address 22.1.1.2 24
[AR2-GigabitEthernet0/0/1]quit
[AR2]dhcp enable
[AR2]dhcp server group Duomi
Info:It's successful to create a DHCP server group.
[AR2-dhcp-server-group-Duomi]dhcp-server 12.1.1.1
[AR2-dhcp-server-group-Duomi]quit
[AR2]interface GigabitEthernet0/0/1
[AR2-GigabitEthernet0/0/1]dhcp select relay
[AR2-GigabitEthernet0/0/1]dhcp relay server-select Duomi
[AR2-GigabitEthernet0/0/1]
```

3. 配置静态路由

定义一条静态路由的目的是告诉 AR1 如何将信息发往 DHCP 客户端所在的网段。

```
[AR1]ip route-static 22.1.1.0 255.255.255.0 12.1.1.2
```

4. 验证配置效果

设置 PC1、PC2 的 IP 地址为自动获取。在 PC1 命令行中分别运行命令 ipconfig、ipconfig /release、ipconfig /renew 查看信息,显示结果如下。

```
PC > ipconfig   //显示地址信息

Link local IPv6 address........... : fe80::5689:98ff:fe45:f00
IPv6 address.....................: :: / 128
IPv6 gateway.....................: ::
IPv4 address....................: 22.1.1.254
Subnet mask....................: 255.255.255.0
Gateway.........................: 22.1.1.2
Physical address.................: 54-89-98-45-0F-00
DNS server......................: 8.8.8.8


PC > ipconfig /release   //释放地址信息
```

```
IP Configuration


Link local IPv6 address...........: fe80::5689:98ff:fe45:f00
IPv6 address.....................: :: / 128
IPv6 gateway.....................: ::
IPv4 address.....................: 0.0.0.0
Subnet mask......................: 0.0.0.0
Gateway..........................: 0.0.0.0
Physical address.................: 54-89-98-45-0F-00
DNS server.......................:


PC > ipconfig /renew   //重新获取地址信息


IP Configuration


Link local IPv6 address...........: fe80::5689:98ff:fe45:f00
IPv6 address.....................: :: / 128
IPv6 gateway.....................: ::
IPv4 address.....................: 22.1.1.254
Subnet mask......................: 255.255.255.0
Gateway..........................: 22.1.1.2
Physical address.................: 54-89-98-45-0F-00
DNS server.......................: 8.8.8.8
```

15.3　常见问题与分析

① 路由器作为 DHCP 服务器,DHCP 客户端无法获取 IP 地址的常见原因有哪些?

解析:路由器作为 DHCP 服务器可以为同一个网段或不同网段内的客户端分配 IP 地址。该故障现象的常见原因如下。

- 客户端与 DHCP 服务器之间的链路有故障。
- 路由器未使能 DHCP 功能。
- 路由器接口下没有选择 DHCP 分配地址的方式。
- 当选择从全局地址池中分配 IP 地址时:

如果客户端与 DHCP 服务器在同一个网段内,全局地址池中的 IP 地址与路由器接口的 IP 地址不在同一个网段内。

如果客户端与 DHCP 服务器不在同一个网段内,中间存在中继设备,全局地址池中的 IP 地址与中继设备接口的 IP 地址不在同一个网段内。

- 地址池中没有可用的 IP 地址可分配。

② 路由器作为 DHCP 中继,DHCP 客户端无法获取 IP 地址的常见原因有哪些?

解析:客户端和 DHCP 服务器不在同一个网段内时,路由器作为 DHCP 中继连接客户端和 DHCP 服务器,DHCP 服务器通过 DHCP 中继为客户端分配 IP 地址。该故障现象的常见原因如下。

- 客户端与 DHCP 服务器之间的链路有故障。客户端与 DHCP 中继之间的链路有故障;或 DHCP 中继与 DHCP 服务器之间的链路有故障。
- 路由器未全局使能 DHCP 功能,导致 DHCP 功能没有生效。
- 路由器未使能 DHCP 中继功能,导致 DHCP 中继功能没有生效。
- DHCP 中继没有配置所代理的 DHCP 服务器。DHCP 中继没有配置所代理的 DHCP 服务器的 IP 地址;DHCP 中继接口没有绑定 DHCP 服务器组,或者绑定的 DHCP 服务器组中没有配置所代理的 DHCP 服务器。
- 链路上其他设备配置错误。

15.4 拓 展 训 练

15.4.1 训练目的

掌握 DHCP 的配置;理解 DHCP 的工作原理。

15.4.2 训练拓扑

拓扑结构如图 15-2 所示。图 15-2 中 AR1-1 与 AR2-1 为 AR2220 路由器,它们分别代表 DHCP 服务器和 DHCP 中继。PC1-1 与 PC2-1 为 DHCP 客户端,自动从服务器获取 IP 地址信息,最终实现 PC 主机之间互通。

15.4.3 训练要求

1. 网络布线
根据网络拓扑图进行网络布线。

2. 实验编址
根据网络拓扑图设计网络设备的 IP 编址,填写表 15-6 所示的地址分配表,根据需要填写,不需要填写处打×。

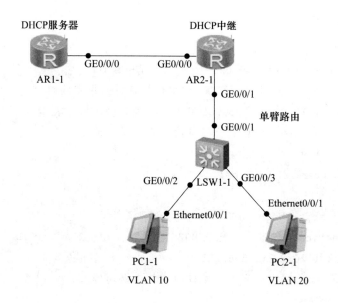

图 15-2　拓扑结构

表 15-6　地址分配表

设备	接口	IP 地址	子网掩码
AR1-1	GE0/0/0		
AR2-1	GE0/0/0		
	GE0/0/1		
LSW1-1	GE0/0/1		
	GE0/0/2		
	GE0/0/3		
	VLANIF10		
	VLANIF20		
PC1-1	Ethernet0/0/1		
PC2-1	Ethernet0/0/1		

3. 主要步骤

① 搭建训练环境,设置 PC1-1、PC2-1 的 IP 地址、子网掩码。

② 在路由器 AR1-1 上配置。

- 配置路由器名 AR1。

- 在路由器 AR1 上配置端口 GE0/0/0 的 IP 地址。

- 配置 DHCP(需要定义两个全局地址池,与两个客户端相对应)。

- 配置两条静态路由,将信息发往两个客户端所在的网段。

③ 在路由器 AR2-1 上配置。

- 配置路由器名 AR2。

- 在路由器 AR2 上配置端口 GE0/0/0、GE0/0/1 的 IP 地址。

- 配置 DHCP 中继。
- 配置单臂路由。

```
interface GigabitEthernet0/0/1.10   //创建子接口
dot1q termination vid 10   //配置 802.1Q 封装并且指定端口 PVID 为 10
ip address 22.1.10.2 255.255.255.0   //具体参数请根据表 15-6 进行修改
arp broadcast enable   //启用子接口的 ARP 广播功能
dhcp select relay
dhcp relay server-select Duomi
#
interface GigabitEthernet0/0/1.20   //创建子接口
dot1q termination vid 20   //配置 802.1Q 封装并且指定端口 PVID 为 20
ip address 22.1.20.2 255.255.255.0   //具体参数请根据表 15-6 进行修改
arp broadcast enable   //启用子接口的 ARP 广播功能
dhcp select relay
dhcp relay server-select Duomi
```

④ 在交换机 LSW1-1 上配置。
- 配置交换机名为 LSW1。
- 将交换机端口 GE0/0/2、GE0/0/3 设置为 Access 类型，并划分给相应的 VLAN。
- 将交换机端口 GE0/0/1 设置为 Trunk 类型。
⑤ 验证测试。PC1-1 ping 通 PC2-1。

第16章 访问控制列表

作为公司 IT 人员,当公司领导提出下列要求时你该怎么办?

公司的经理部、财务部和销售部分别属于不同的 3 个网段,3 个部门之间用路由器进行信息传递,为了安全起见,公司领导要求销售部不能对财务部进行访问,但经理部可以对财务部进行访问。

由于公司客户多,经常有与公司合作的客户来公司学习或交流经验,为了方便客户,增加了临时办公区,提供给客户使用。现要求临时办公区不能访问公司指定的 Web 服务器,而公司内部其他办公区可以访问。

16.1 技 术 知 识

16.1.1 ACL 概述

访问控制列表(Access Control List,ACL)是网络设备配置中一项常用的技术,可以根据需求来定义过滤的条件以及匹配条件后所执行的动作。ACL 是由 permit 或 deny 语句组成的一系列有顺序规则的集合,通过匹配报文的信息实现对报文的分类。网络设备根据 ACL 定义的规则判断哪些报文可以接收,哪些报文需要拒绝,从而实现对报文的过滤。

在一个 ACL 中可以有多条匹配语句,每条语句由匹配项和行为构成,行为即为允许或拒绝。当路由器接收到一个数据包,并需要使用 ACL 对其进行匹配时,路由器会按照从上到下的顺序,将数据包与 ACL 中的每条语句逐一对比,匹配成功立刻停止。如果路由器中的数据包与 ACL 中的语句都不匹配,则默认允许通过。

16.1.2 ACL 的类型

ACL 根据不同的划分方法可以有不同的分类,按照功能可以分为基本 ACL、高级 ACL、二层 ACL、基于接口的 ACL、自定义 ACL、基于多协议标签交换(MPLS)的 ACL 等。其中,最常使用的是基本 ACL 和高级 ACL。

在实现路由器的 ACL 功能时,要考虑 ACL 类型,而 ACL 类型又与 ACL 编号有关系。基本 ACL 编号为 2000~2999。高级 ACL 编号为 3000~3999。

16.1.3 ACL 的配置

ACL 的配置分为以下两个步骤。

步骤 1:配置 ACL。主要定义规则,包括 ACL 编号以及匹配语句。

步骤 2:应用 ACL。将定义好的规则应用到指定接口。

16.1.4 命令行视图

1. ACL 命令格式

(1) 删除 ACL 配置

ACL 配置完成后,发现配置错误,如果要删除,需执行表 16-1 所示的命令。

表 16-1　删除 ACL 配置

步骤	命令	解释
1	system-view	进入系统视图
2	undo acl ﹛**acl-number** ｜all ﹜	删除指定的 ACL

(2) 配置基本 ACL

基本 ACL 可以根据源地址对数据包进行分类定义,基本 ACL 的配置过程如表 16-2 所示。

表 16-2　基本 ACL 的配置过程

步骤	命令	解释
1	system-view	进入系统视图
2	acl **acl-number**	以编号创建一个基本 ACL。要创建基本 ACL,acl-number 的取值范围必须是 2000~2999
3	rule[**rule-id**]﹛deny｜permit﹜source﹛**source-address source-wildcard**｜any﹜	配置 ACL 规则。deny 用于指定拒绝符合条件的数据包,permit 用于指定允许符合条件的数据包,source 用于指定 ACL 规则匹配报文的源地址信息,any 表示任意源地址。一个 ACL 是由若干 permit 或 deny 语句组成的一系列规则的列表,若干个规则列表构成一个 ACL
4	quit	退出
5	interface **interface-type interface-number**	进入接口视图
6	traffic-filter﹛inbound｜outbound﹜acl﹛**acl-number**﹜	配置基于 ACL 对报文进行过滤

（3）配置高级 ACL

高级 ACL 可以根据源地址信息、目的地址信息、协议类型、TCP 的源端口和目的端口、ICMP 的类型、ICMP 报文的消息码等元素定义规则，对数据包进行更为细致的分类定义。高级 ACL 的配置过程如表 16-3 所示。

表 16-3　高级 ACL 的配置过程

步骤	命令	解释
1	system-view	进入系统视图
2	acl **acl-number**	以编号创建一个高级 ACL。要创建高级 ACL，acl-number 的取值范围是 3000～3999
3	rule〔**rule-id**〕{deny｜permit} ip〔destination {**destination-address destination-wildcard**｜any}｜source {**source-address source-wildcard**｜any}〕	配置 ACL 规则。deny 用于指定拒绝符合条件的数据包，permit 用于指定允许符合条件的数据包，source 用于指定 ACL 规则匹配报文的源地址信息，any 表示任意源地址。一个 ACL 是由若干 permit 或 deny 语句组成的一系列规则的列表，若干个规则列表构成一个 ACL。如果是 TCP 或者 UDP，还要加上端口号和目标端口号
4	quit	退出
5	interface **interface-type interface-number**	进入接口视图
6	traffic-filter{inbound｜outbound}acl{**acl-number**}	配置基于 ACL 对报文进行过滤

2. 检查配置结果

ACL 功能配置成功后，检查配置步骤如表 16-4 所示。

表 16-4　ACL 的检查配置步骤

序号	命令	解释
1	display acl **acl-number**	查看以编号创建的基本 ACL 规则

16.2　案例配置

16.2.1　案例需求

案例一：配置基本 ACL，需要 1 台路由器与 3 台 PC 直接相连，3 台 PC 分别代表 3 个办公区（分别为经理部、销售部、财务部）的用户，实现经理部可以访问财务部，销售部不可以访问财务部。

案例二：配置高级 ACL，需要 2 台路由器、2 台 PC、1 台服务器相连接，2 台 PC 分别代表两个办公区（分别为办公区、临时办公区）的用户，实现办公区可以访问公司服务器，而临时办公区不可以访问服务器。

实训目的：
- 理解基本 ACL 的应用场景。
- 掌握配置基本 ACL 的方法。
- 理解高级 ACL 的应用场景。
- 掌握配置高级 ACL 的方法。
- 理解高级 ACL 与基本 ACL 的区别。

16.2.2 拓扑设备

1. 基本 ACL

配置拓扑如图 16-1 所示,设备配置地址如表 16-5 所示,本案例所选路由器设备为 1 台 AR2220,3 台终端设备 PC 分别代表经理部、销售部、财务部 3 个办公区。

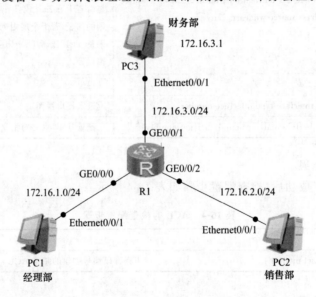

图 16-1 基本 ACL 配置

表 16-5 设备配置地址(基本 ACL)

设备	接口	IP 地址	子网掩码	网关
R1	GE0/0/0	172.16.1.254	255.255.255.0	×
	GE0/0/1	172.16.3.254	255.255.255.0	×
	GE0/0/2	172.16.2.254	255.255.255.0	×
PC1	Ethernet0/0/1	172.16.1.1	255.255.255.0	172.16.1.254
PC2	Ethernet0/0/1	172.16.2.1	255.255.255.0	172.16.2.254
PC3	Ethernet0/0/1	172.16.3.1	255.255.255.0	172.16.3.254

2. 高级 ACL

配置拓扑如图 16-2 所示,设备配置地址如表 16-6 所示,本案例所选路由器设备为 2 台 AR2220,2 台终端设备 PC 分别代表办公区、临时办公区,一台服务器为公司 Web 服务器。

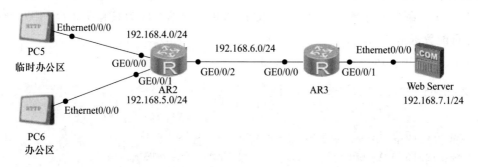

图 16-2　高级 ACL 配置

表 16-6　设备配置地址(高级 ACL)

设备	接口	IP 地址	子网掩码	网关
AR2	GE0/0/0	192.168.4.254	255.255.255.0	×
	GE0/0/1	192.168.5.254	255.255.255.0	×
	GE0/0/2	192.168.6.1	255.255.255.0	×
AR3	GE0/0/0	192.168.6.2	255.255.255.0	×
	GE0/0/1	192.168.7.254	255.255.255.0	×
PC5	Ethernet0/0/0	192.168.4.1	255.255.255.0	192.168.4.254
PC6	Ethernet0/0/0	192.168.5.1	255.255.255.0	192.168.5.254
Web Server	Ethernet0/0/0	192.168.7.1	255.255.255.0	192.168.7.254

16.2.3　案例实施

1. 基本 ACL 配置

(1) 基本配置

命名路由器为 R1,配置路由器端口的 IP 地址。路由器 3 个端口地址的配置如表 16-5 所示,主要命令如下。

```
[Huawei]sysname R1
[R1]interface GigabitEthernet0/0/0
[R1-GigabitEthernet0/0/0]ip address 172.16.1.254 255.255.255.0
[R1]interface GigabitEthernet0/0/1
[R1-GigabitEthernet0/0/1]ip address 172.16.3.254 255.255.255.0
[R1]interface GigabitEthernet0/0/2
[R1-GigabitEthernet0/0/2]ip address 172.16.2.254 255.255.255.0
```

（2）设置主机 IP

对照表 16-5，设置 PC 的 IP 地址、子网掩码、网关。

（3）过程测试

使用 ping 命令进行测试，要求 3 台 PC 能够相互通信。因为只有在 3 台 PC 互通的前提下才可配置基本 ACL。

在 PC1 上 ping PC3，在 PC2 上 ping PC3。

```
PC>ping 172.16.3.1

Ping 172.16.3.1：32 data bytes，Press Ctrl_C to break
From 172.16.3.1：bytes = 32 seq = 1 ttl = 127 time = 16 ms
From 172.16.3.1：bytes = 32 seq = 2 ttl = 127 time = 16 ms
From 172.16.3.1：bytes = 32 seq = 3 ttl = 127 time = 16 ms
From 172.16.3.1：bytes = 32 seq = 4 ttl = 127 time < 1 ms
From 172.16.3.1：bytes = 32 seq = 5 ttl = 127 time = 16 ms

--- 172.16.3.1 ping statistics ---
  5 packet(s) transmitted
  5 packet(s) received
  0.00% packet loss
  round-trip min/avg/max = 0/12/16 ms

PC>
```

通过观察，PC1 ping 通 PC3，PC2 ping 通 PC3，所有终端用户设备之间都可以相互通信。

（4）定义基本 ACL 规则

选择 ACL 编号为 2000。

```
[R1]acl 2000
[R1-acl-basic-2000]rule deny source 172.16.2.0 0.0.0.255
[R1-acl-basic-2000]
```

（5）将定义好的规则应用在接口上

```
[R1]interface GigabitEthernet0/0/1
[R1-GigabitEthernet0/0/1]traffic-filter outbound acl 2000
[R1-GigabitEthernet0/0/1]
```

（6）结果验证

在 PC1 上验证与 PC3 的连通性。

```
PC>ping 172.16.3.1

Ping 172.16.3.1: 32 data bytes, Press Ctrl_C to break
From 172.16.3.1: bytes = 32 seq = 1 ttl = 127 time = 16 ms
From 172.16.3.1: bytes = 32 seq = 2 ttl = 127 time = 16 ms
From 172.16.3.1: bytes = 32 seq = 3 ttl = 127 time = 16 ms
From 172.16.3.1: bytes = 32 seq = 4 ttl = 127 time < 1 ms
From 172.16.3.1: bytes = 32 seq = 5 ttl = 127 time = 16 ms

--- 172.16.3.1 ping statistics ---
  5 packet(s) transmitted
  5 packet(s) received
  0.00% packet loss
  round-trip min/avg/max = 0/12/16 ms

PC>
```

结果显示：PC1 ping 通 PC3，即经理部可以访问财务部。

在 PC2 上验证与 PC3 的连通性。

```
PC>ping 172.16.3.1

Ping 172.16.3.1: 32 data bytes, Press Ctrl_C to break
Request timeout!
Request timeout!
Request timeout!
Request timeout!
Request timeout!

--- 172.16.3.1 ping statistics ---
  5 packet(s) transmitted
  0 packet(s) received
  100.00% packet loss

PC>
```

结果显示：PC2 ping 不通 PC3，即销售部不能访问财务部。

2. 高级 ACL 配置

（1）AR2 基本配置

对 AR2 命名，并配置端口地址，主要命令如下。

```
[Huawei]sysname AR2

[AR2]interface GigabitEthernet0/0/0

[AR2-GigabitEthernet0/0/0]ip address 192.168.4.254 255.255.255.0

[AR2]interface GigabitEthernet0/0/1

[AR2-GigabitEthernet0/0/1]ip address 192.168.5.254 255.255.255.0

[AR2]interface GigabitEthernet0/0/2

[AR2-GigabitEthernet0/0/2]ip address 192.168.6.1 255.255.255.0

[AR2-GigabitEthernet0/0/2]
```

（2）AR3 基本配置

对 AR3 命名，并配置端口地址，主要命令如下。

```
[Huawei]sysname AR3

[AR3]interface GigabitEthernet0/0/0

[AR3-GigabitEthernet0/0/0]ip address 192.168.6.2 255.255.255.0

[AR3]interface GigabitEthernet0/0/1

[AR3-GigabitEthernet0/0/1]ip address 192.168.7.254 255.255.255.0

[AR3-GigabitEthernet0/0/1]
```

（3）配置静态路由

配置 AR2 的静态路由，实现全网互通。

```
[AR2]ip route-static 192.168.7.0 255.255.255.0 192.168.6.2
```

配置 AR3 的静态路由。

```
[AR3]ip route-static 192.168.4.0 255.255.255.0 192.168.6.1
[AR3]ip route-static 192.168.5.0 255.255.255.0 192.168.6.1
```

（4）设置主机 IP

对照表 16-6，设置所有终端设备的 IP 地址、子网掩码、网关。

启动 Web Server：双击 Web Server，单击"服务器信息"窗口，选中"HttpServer"，选择配置文件根目录，然后单击"启动"，如图 16-3 所示。

（5）过程测试

使用 ping 命令进行测试，要求 3 台终端设备相互通信。因为只有在 3 台终端设备互通的前提下才可配置高级 ACL。

在 PC6 Web 浏览器中输入 http://192.168.7.1（success）。

在 PC5 Web 浏览器中输入 http://192.168.7.1（success）。

（6）定义高级 ACL 规则

在路由器 AR3 上配置高级 ACL，选择 ACL 编号为 3001。由于限制临时办公区访问公司内部 Web 服务器，目的端口号可为 80，也可以使用 www。

图 16-3 启动 Web Server

```
[AR3]acl 3001
[AR3-acl-adv-3001] rule 5 deny tcp source 192.168.4.0 0.0.0.255 destination
192.168.7.0 0.0.0.255 destination-port eq www
[AR3-acl-adv-3001]
```

(7) 将定义好的规则应用在接口上

```
[AR3]interface GigabitEthernet0/0/1
[AR3-GigabitEthernet0/0/1]traffic-filter outbound acl 3001
[AR3-GigabitEthernet0/0/1]
```

(8) 结果验证

在 PC6 Web 浏览器中输入 http:// 192.168.7.1(success)。

在 PC5 Web 浏览器中输入 http:// 192.168.7.1(fail)。

16.3 常见问题与分析

① 高级 ACL 配置过程中,PC5 为什么 ping 通服务器的 IP,而不可以访问网页? 在不改变实验结果的情况下,怎样才能使得 PC5 ping 不通服务器?

解析:在高级 ACL 配置过程中,由于 ping 使用的参数 protocol 为 ICMP,而 Web 方式访问使用的参数 protocol 为 TCP,因此显示结果不一样。而在以上高级 ACL 配置过程中,定义的规则是限制源地址访问目的地址段的 Web 服务器,所用的协议是 TCP。若要求临时办公区 ping 不通服务器 IP,也不能访问 Web 服务器网页,则需要在 AR3 中增加以下命令。

```
[AR3]acl 3001
[AR3-acl-adv-3001] rule 3 deny ip source 192.168.4.0 0.0.0.255 destination
192.168.7.0 0.0.0.255
[AR3-acl-adv-3001]
```

② 掩码、反掩码与通配符的区别是什么？

解析：

a. 掩码：

在掩码中，1 表示精确匹配，0 表示随机；

1 和 0 永远不交叉；

1 永远在左边，0 永远在右边；

在配置 IP 地址以及路由的时候会使用掩码。

b. 反掩码：

用由右至左连续的 1 来表示主机位的个数，不能被 0 断开；

在反掩码中，1 表示随机，0 表示精确匹配；

0 和 1 永远不交叉；

0 永远在左边，1 永远在右边；

在 OSPF 路由协议的配置中，通过 network 命令进行网段宣告时会使用反掩码。

"0"表示不能改变的部分，即被固定的前缀部分。"1"表示可变的部分，任意取值，即可取的 IP 地址部分。例如：192.168.1.0 与 0.0.0.255 这个组合表示 192.168.1.0～192.168.1.255 这 256 个 IP 地址。

c. 通配符：

在通配符中，1 表示随机，0 表示精确匹配；

0 和 1 的位置没有任何的固定限制，可以连续，可以交叉；

在 ACL 中使用通配符。

16.4　拓　展　训　练

16.4.1　训练目的

了解 ACL 的类型；熟练配置基本 ACL 与高级 ACL；学会查看 ACL 定义的规则，学会删除 ACL 规则。

16.4.2　训练拓扑

办公区 A 可以访问 FTP 服务器，办公区 B 不可以访问 FTP 服务器，办公区 A 和办公区 B 在同一子网内。办公区 A 所在 IP 地址范围为 121.1.1.2~121.1.1.127,办公区 B 所在 IP 地址范围为 121.1.1.128~121.1.1.254。拓扑结构如图 16-4 所示。

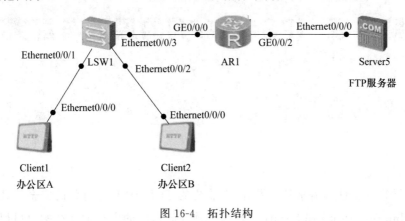

图 16-4 拓扑结构

16.4.3 训练要求

1. 网络布线

根据网络拓扑图进行网络布线(路由器型号为 AR2220)。

2. 实验编址

根据网络拓扑图设计网络设备的 IP 编址,填写表 16-7 所示的地址分配表,根据需要填写,不需要填写处打×。

表 16-7 地址分配表

设备	接口	IP 地址	子网掩码	网关
AR1	GE0/0/0			
	GE0/0/2			
Client1	Ethernet0/0/0			
Client2	Ethernet0/0/0			
Server5	Ethernet0/0/0			

3. 主要步骤

① 搭建训练环境,设置 Client1、Client2 的 IP 地址、子网掩码以及网关。

② 在路由器 AR1 上配置。

• 配置路由器名 AR1。

• 在路由器 AR1 上配置端口 GE0/0/0、GE0/0/2 的 IP 地址。

• 配置高级 ACL,定义规则。

• 将 ACL 定义的规则应用在接口上。

③ 验证测试。

• 在 Client1 客户端中访问 FTP 服务器,最终结果显示可以访问。

• 在 Client2 客户端中访问 FTP 服务器,最终结果显示不可以访问。

第17章 IPSec VPN的原理与配置 →

企业对网络安全性的需求日益提升,而传统的 TCP/IP 缺乏有效的安全认证和保密机制。IPSec(Internet Protocol Security)作为一种开放标准的安全框架结构,可以保证 IP 数据报文在网络上传输的私密性(confidentiality)、完整性(data integrity)和真实性(origin authentication)。

17.1 技 术 知 识

17.1.1 IPSec VPN 相关概念

1. IPSec 概念

IPSec 是一种开放标准的安全框架结构,特定的通信方之间在 IP 层通过加密和数据摘要(Hash)等手段来保证数据包在 Internet 上传输时的私密性、完整性和真实性。

IPSec 只能工作在 IP 层,要求乘客协议和承载协议都是 IP,如图 17-1 所示。

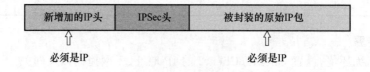

图 17-1 IPSec 数据包结构

(1) 通过加密保证数据的私密性

私密性:防止信息泄漏给未经授权的个人。

通过加密把数据从明文变成无法读懂的密文,从而确保数据的私密性。

(2) 对数据进行 Hash 运算来保证完整性

完整性:数据没有被非法篡改。

通过对数据进行 Hash 运算,产生类似于指纹的数据摘要,以保证数据的完整性。

（3）对数据和密钥一起进行 Hash 运算

攻击者篡改数据后,可以根据修改后的数据生成新的摘要,以此掩盖自己的攻击行为。通过对数据和密钥一起进行 Hash 运算,可以有效抵御上述攻击。

2. IPSec 架构

IPSec 主要由 AH（Authentication Header）、ESP（Encapsulating Security Payload）和 IKE（Internet Key Exchange）协议套件组成,如图 17-2 所示。

AH 协议:主要提供的功能有数据源验证、数据完整性校验和防报文重放。然而,AH 并不加密所保护的数据报。

ESP 协议:除提供 AH 协议的所有功能外（其数据完整性校验不包括 IP 头）,还可提供对 IP 报文的加密功能。

IKE 协议:用于自动协商 AH 和 ESP 所使用的密码算法,建立和维护安全联盟等服务。

IPSec 不是一个单独的协议,它通过 AH 和 ESP 这两个安全协议来实现 IP 数据报的安全传送。

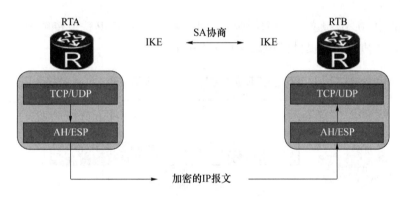

图 17-2　IPSec 架构

3. 安全联盟

安全联盟（Security Association,SA）定义了 IPSec 通信对等体间将使用的数据封装模式、认证和加密算法、密钥等参数。SA 是单向的,两个对等体之间的双向通信至少需要两个 SA。如果两个对等体希望同时使用 AH 和 ESP 安全协议来进行通信,则对等体针对每一种安全协议都需要协商一对 SA。

SA 由一个三元组来唯一标识,这个三元组包括安全参数索引（Security Parameter Index,SPI）、目的 IP 地址、安全协议（AH 或 ESP）,如图 17-3 所示。建立 SA 的方式有以下两种。

① 手动方式:SA 所需的全部信息都必须手动配置。手动方式建立 SA 比较复杂,但优点是可以不依赖 IKE 而单独实现 IPSec 功能。当对等体设备数量较少时,或在小型静态环境中,手动配置 SA 是可行的。

② IKE 动态协商方式:只需要通信对等体间配置好 IKE 协商参数,由 IKE 自动协商来创建和维护 SA。动态协商方式建立 SA 相对简单,对于中大型的动态网络环境,推荐使用 IKE 协商建立 SA。

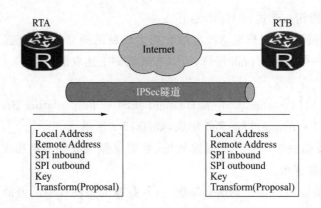

图 17-3　安全联盟

4．IPSec 封装模式

IPSec 有两种封装模式：传输模式和隧道模式。

（1）传输模式

传输模式中，在 IP 报文头和高层协议之间插入 AH 或 ESP 头。传输模式中的 AH 或 ESP 主要对高层协议数据提供保护，如图 17-4 所示。

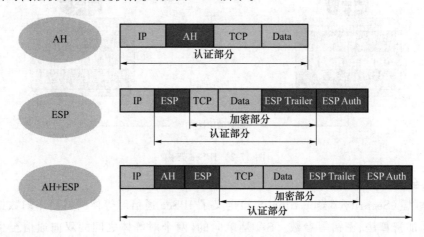

图 17-4　传输模式

传输模式中的 AH：在 IP 头部之后插入 AH 头，对整个 IP 数据报进行完整性校验。

传输模式中的 ESP：在 IP 头部之后插入 ESP 头，在数据字段后插入 ESP 尾部以及认证字段，对高层数据和 ESP 尾部进行加密，对 IP 数据报中的 ESP 报文头、高层数据和 ESP 尾部进行完整性校验。

传输模式中的 AH+ESP：在 IP 头部之后插入 AH 和 ESP 头，在数据字段后插入 ESP 尾部以及认证字段，对高层数据和 ESP 尾部进行加密，对整个 IP 数据报进行完整性校验。

（2）隧道模式

隧道模式中，AH 或 ESP 头封装在原始 IP 报文头之前，并生成一个新的 IP 头封装到 AH 或 ESP 之前，如图 17-5 所示。隧道模式可以完全地对原始 IP 报文进行认证和加密，而且可以使用 IPSec 对等体的 IP 地址来隐藏客户机的 IP 地址。

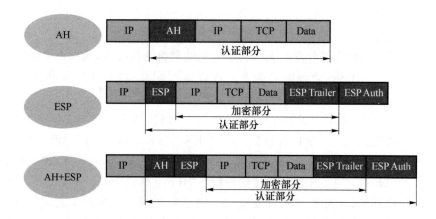

图 17-5　隧道模式

　　隧道模式中的 AH:对整个原始 IP 报文进行完整性校验和认证,认证功能优于 ESP。但 AH 不提供加密功能,所以通常和 ESP 联合使用。

　　隧道模式中的 ESP:对整个原始 IP 报文和 ESP 尾部进行加密,对 ESP 报文头、原始 IP报文和 ESP 尾部进行完整性校验。

　　隧道模式中的 AH+ESP:对整个原始 IP 报文和 ESP 尾部进行加密,对除新 IP 头之外的整个 IP 数据报进行完整性校验。

17.1.2　VPN 相关概念

　　虚拟专用网络(VPN)让物理上没有交集的两个网络通过某种逻辑方式连接起来,让它们就像同一个网络一样。实现 VPN 的协议比较多,不同协议实现的 VPN 侧重于不同的概念。IPSec VPN 的重点在安全,其目的就是对两个传输节点之间传输的流量进行加密。

17.1.3　IPSec VPN 的配置步骤

　　IPSec VPN 的配置步骤如图 17-6 所示。

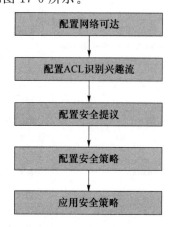

图 17-6　IPSec VPN 的配置步骤

① 检查报文发送方和接收方之间的网络层可达性,双方只有建立 IPSec VPN 隧道才能进行 IPSec 通信。

② 定义数据流。因为部分流量无须满足完整性和机密性要求,所以需要对流量进行过滤,选择出需要进行 IPSec 处理的兴趣流。可以通过配置 ACL 来定义和区分不同的数据流。

③ 配置 IPSec 安全提议。IPSec 安全提议定义了保护数据流所用的安全协议、认证算法、加密算法和封装模式。安全协议包括 AH 和 ESP,两者可以单独使用或一起使用。AH 支持 MD5 和 SHA-1 认证算法;ESP 支持 2 种认证算法(MD5 和 SHA-1)和 3 种加密算法(DES、3DES 和 AES)。为了能够正常传输数据流,IPSec 隧道两端的对等体必须使用相同的安全协议、认证算法、加密算法和封装模式。如果要在两个安全网关之间建立 IPSec 隧道,建议将 IPSec 封装模式设置为隧道模式,以便隐藏通信使用的实际源 IP 地址和目的 IP 地址。

④ 配置 IPSec 安全策略。IPSec 安全策略中会应用 IPSec 安全提议中定义的安全协议、认证算法、加密算法和封装模式。每一个 IPSec 安全策略都使用唯一的名称和序号来标识。IPSec 安全策略可分成两类:手动建立 SA 的策略和 IKE 协商建立 SA 的策略。

⑤ 在一个接口上应用 IPSec 安全策略。

17.1.4 命令行视图

IPSec VPN 的配置过程如表 17-1 所示。

表 17-1 IPSec VPN 的配置过程

步骤	命令	解释
1	system-view	进入系统视图
2	ip route-static dest-address { mask | mask-length } { nexthop-address | interface-type interface-number } [preference preference-value]	配置静态路由。IPSec VPN 连接一般是通过配置静态路由建立的,指向下一跳
3	acl number number	定义一个高级 ACL。用于确定哪些兴趣流需要通过 IPSec 隧道
4	rule [rule-id] { deny | permit } ip [destination { destination-address destination-wildcard | any} | source { source-address source-wildcard | any}]	创建静态 NAT。定义规则,能够依据特定参数过滤流量,继而对流量执行丢弃、通过或保护操作
5	quit	退出
6	ipsec proposal proposal-name	创建 IPSec 安全提议并进入 IPSec 安全提议视图。配置 IPSec 安全策略时,必须引用 IPSec 安全提议来指定 IPSec 隧道两端使用的安全协议、加密算法、认证算法和封装模式。缺省情况下,使用 ipsec proposal 命令创建的 IPSec 安全提议采用 ESP 协议、DES 加密算法、MD5 认证算法和隧道封装模式

续　表

步骤	命令	解释
7	transform〔ah｜ah-esp｜esp〕	重新配置隧道采用的安全协议
8	encapsulation-mode｛transport｜tunnel｝	配置报文的封装模式
9	esp authentication-algorithm〔md5｜sha1｜sha2-256｜sha2-384｜sha2-512〕	配置 ESP 使用的认证算法
10	esp encryption-algorithm〔des｜3des｜aes-128｜aes-192｜aes-256〕	配置 ESP 使用的加密算法
11	ah authentication-algorithm〔md5｜sha1｜sha2-256｜sha2-384｜sha2-512〕	配置 AH 使用的认证算法
12	quit	退出
13	ipsec policy｛**policy-name seq-number**｝	创建一条 IPSec 安全策略,并进入 IPSec 安全策略视图。安全策略是由 policy-name 和 seq-number 共同确定的,多个具有相同 policy-name 的安全策略组成一个安全策略组。在一个安全策略组中最多可以设置 16 条安全策略,而 seq-number 越小的安全策略优先级越高。在一个接口上应用了一个安全策略组,实际上是同时应用了该安全策略组中所有的安全策略,这样能够对不同的数据流采用不同的安全策略进行保护
14	security acl｛**acl-number**｝	指定 IPSec 安全策略所引用的访问控制列表
15	proposal｛**proposal-name**｝	指定 IPSec 安全策略所引用的提议
16	tunnel local｛**ip-address**｜**binding-interface**｝	配置安全隧道的本端地址
17	tunnel remote **ip-address**	配置安全隧道的对端地址
18	sa spi｛inbound｜outbound｝｛ah｜esp｝**spi-number**	设置安全联盟的 SPI。在配置安全联盟时,入方向和出方向安全联盟的 SPI 都必须设置,并且本端的入方向安全联盟的 SPI 值必须和对端的出方向安全联盟的 SPI 值相同,而本端的出方向安全联盟的 SPI 值必须和对端的入方向安全联盟的 SPI 值相同
19	sa string-key｛inbound｜outbound｝｛ah｜esp｝｛simple｜cipher｝**string-key**	设置安全联盟的认证密钥。入方向和出方向安全联盟的认证密钥都必须设置,并且本端的入方向安全联盟的密钥必须和对端的出方向安全联盟的密钥相同,同时,本端的出方向安全联盟的密钥必须和对端的入方向安全联盟的密钥相同
20	quit	退出
21	interface **interface-type interface-number**	进入接口视图
22	ipsec policy **policy-name**	在接口上应用指定的安全策略组

IPSec VPN 功能配置成功后,检查配置步骤如表 17-2 所示。

表 17-2　IPSec VPN 的检查配置步骤

命令	解释
display ipsec proposal〔name **proposal-name**〕	查看 IPSec 安全提议中配置的参数
display ipsec policy〔brief ｜ name **policy-name**〔seq-number〕〕	查看指定 IPSec 安全策略或所有 IPSec 安全策略。显示信息中包括:策略名称、策略序号、提议名称、ACL、隧道的本端地址和隧道的远端地址等
display ipsec policy	查看出方向和入方向安全联盟相关的参数

17.2　案 例 配 置

17.2.1　案例需求

　　本案例中的 IPSec VPN 连接是通过配置静态路由建立的,下一跳指向 AR1。需要配置两个方向的静态路由确保双向通信可达。建立一条高级 ACL,用于确定哪些流需要通过 IPSec 隧道。高级 ACL 能够依据特定参数过滤流量,继而对流量执行丢弃、通过或保护操作。(注:本案例是单向配置实现 IPSec VPN 功能。)

17.2.2　拓扑设备

　　IPSec VPN 配置如图 17-7 所示,设备配置地址如表 17-3 所示,本案例所选路由器设备为 2 台 AR2220,另有 2 台 PC。

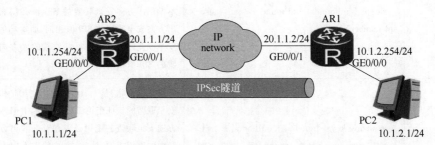

图 17-7　IPSec VPN 配置

表 17-3　设备配置地址

设备	接口	IP 地址	子网掩码
PC1	Ethernet0/0/1	10.1.1.1	255.255.255.0
PC2	Ethernet0/0/1	10.1.2.1	255.255.255.0

续　表

设备	接口	IP 地址	子网掩码
AR1	GE0/0/0	10.1.2.254	255.255.255.0
	GE0/0/1	20.1.1.2	255.255.255.0
AR2	GE0/0/0	10.1.1.254	255.255.255.0
	GE0/0/1	20.1.1.1	255.255.255.0

17.2.3　案例实施

1. 基本配置

根据案例需求，完成相关设备的 IP 地址的配置，并连通（此处配置省略）。

2. 分别在 AR1 和 AR2 中配置静态路由

① 在 AR1 中配置静态路由。

```
[AR1]ip route-static 10.1.2.0 24 20.1.1.2
```

② 在 AR2 中配置静态路由。

```
[AR2]ip route-static 10.1.1.0 24 20.1.1.1
```

③ 测试连通性，如图 17-8 所示。

图 17-8　连通性测试

④ 在 AR1 中配置高级 ACL，具体配置步骤如下。

```
[AR1]acl number 3001
[AR1-acl-adv-3001]rule 5 permit ip source 10.1.1.0 0.0.0.255 destination
10.1.2.0 0.0.0.255
```

⑤ 在 AR1 中创建 IPSec 安全提议，具体配置步骤如下。

```
[AR1]ipsec proposal tran1
[AR1-ipsec-proposal-tran1]esp authentication-algorithm sha1
```

⑥ 验证配置。

```
[AR1]display ipsec proposal
  Number of proposals: 1
  IPSec proposal name: tran1
  Encapsulation mode: Tunnel
  Transform        : esp-new
  ESP protocol     : Authentication SHA1-HMAC-96
                     Encryption     DES
```

⑦ 在 AR1 中创建 IPSec 安全策略,具体配置步骤如下。

```
[AR1]ipsec policy P1 10 manual
[AR1-ipsec-policy-manual-P1-10]security acl 3001
[AR1-ipsec-policy-manual-P1-10]proposal tran1
[AR1-ipsec-policy-manual-P1-10]tunnel remote 20.1.1.2
[AR1-ipsec-policy-manual-P1-10]tunnel local 20.1.1.1
[AR1-ipsec-policy-manual-P1-10]sa spi outbound esp 54321
[AR1-ipsec-policy-manual-P1-10]sa spi inbound esp 12345
[AR1-ipsec-policy-manual-P1-10]sa string-key outbound esp simple sju
[AR1-ipsec-policy-manual-P1-10]sa string-key inbound esp simple sju
```

⑧ 在 AR1 的 GE0/0/1 接口上应用指定的安全策略组。

```
[AR1]interface GigabitEthernet0/0/1
[AR1-GigabitEthernet0/0/1]ipsec policy P1
```

⑨ 验证配置。

```
[AR1]display ipsec policy
  ===============================================
IPSec policy group: "P1"
Using interface: GigabitEthernet0/0/1
  ===============================================
    Sequence number: 10
    Security data flow: 3001
    Tunnel local address: 20.1.1.1
    Tunnel remote address: 20.1.1.2
    Qos pre-classify: Disable
    Proposal name: tran1
......
Inbound ESP setting:
    ESP SPI: 12345 (0x3039)
```

```
        ESP string-key: sju
        ESP encryption hex key:
        ESP authentication hex key:
Outbound ESP setting:
        ESP SPI: 54321 (0xd431)
        ESP string-key: sju
        ESP encryption hex key:
        ESP authentication hex key:
```

17.3　常见问题与分析

① 安全联盟的作用是什么？

解析：安全联盟定义了 IPSec 通信对等体间将使用的数据封装模式、认证和加密算法、密钥等参数。

② IPSec VPN 将会对过滤后的兴趣流如何操作？

解析：经过 IPSec 过滤后的兴趣流将会通过安全联盟协商的各种参数进行处理并封装，之后通过 IPSec 隧道转发。

17.4　拓　展　训　练

17.4.1　训练目的

熟练 IPSec VPN 基本配置命令的使用。

17.4.2　训练拓扑

拓扑结构如图 17-9 所示。

17.4.3　训练要求

本训练需要配置两个方向的路由，确保双向通信可达。按照实验步骤建立一条高级 ACL，用于确定哪些流需要通过 IPSec 隧道。

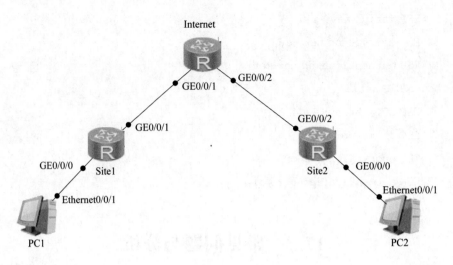

图 17-9　拓扑结构

1. 网络布线

根据网络拓扑图进行网络布线(路由器型号为 AR2220)。

2. 实验编址

根据网络拓扑图设计网络设备的 IP 编址,填写表 17-4 所示的地址分配表。

表 17-4　地址分配表

设备	接口	IP 地址	子网掩码
PC1	Ethernet0/0/1		
PC2	Ethernet0/0/1		
Site1	GE0/0/0		
	GE0/0/1		
Internet	GE0/0/1		
	GE0/0/2		
Site2	GE0/0/0		
	GE0/0/2		

3. 主要步骤

① 对各个路由端口配置对应的 IP 地址。

② 分别在 Site1 和 Site2 上配置默认路由。

③ 分别在 Site1 和 Site2 上配置 ACL 识别兴趣流。

④ 分别在 Site1 和 Site2 上配置 IPSec 安全提议。

⑤ 分别在 Site1 和 Site2 上配置 IPSec 安全策略(这里先采用手动配置模式)。

⑥ 分别在 Site1 和 Site2 的一个接口上应用 IPSec 安全策略。

⑦ 验证 Site1 和 Site2 的连通性。

第18章 GRE的原理与配置

IPSec VPN用于在两个端点之间提供安全的IP通信,但只能加密并传输单播数据,无法加密并传输语音、视频、动态路由协议信息等组播数据流量。

18.1 技术知识

18.1.1 GRE简介

通用路由封装(Generic Routing Encapsulation,GRE)可以对某些网络层协议(如IPX、ATM、IPv6、AppleTalk等)的数据报文进行封装,使这些被封装的数据报文能够在另一个网络层协议(如IPv4)中传输。

GRE提供了将一种协议的报文封装在另一种协议的报文中的机制,是一种三层隧道封装技术,使报文可以通过GRE隧道透明地传输,解决异种网络的传输问题。

GRE实现机制简单,对隧道两端的设备负担小。GRE隧道可以通过IPv4网络连通采用多种网络协议的本地网络,有效利用了原有的网络架构,降低了成本。GRE隧道扩展了跳数受限网络协议的工作范围,支持企业灵活设计网络拓扑。GRE隧道可以封装组播数据,和IPSec结合使用时可以保证语音、视频等组播业务的安全。GRE隧道支持使能MPLS LDP(Label Distribution Protocol,标签分发协议),使用GRE隧道承载MPLS LDP报文,建立LDP LSP(Label Switched Path,标签交换路径),实现MPLS骨干网的互通。GRE隧道将不连续的子网连接起来,用于组建VPN,实现企业总部和分支间安全的连接。

18.1.2 GRE的实现过程

报文在GRE隧道中的传输包括封装和解封装两个过程,如图18-1所示。

如图18-1所示,如果X协议报文从Ingress PE向Egress PE传输,则封装在Ingress PE上完成,而解封装在Egress PE上进行。封装后的数据报文在网络中传输的路径称为GRE隧道。

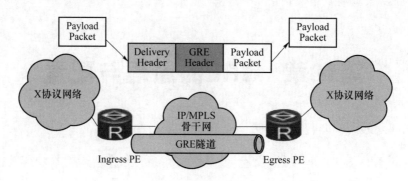

图 18-1　通过 GRE 隧道实现 X 协议互通组网

1. 封装

Ingress PE 从连接 X 协议的接口接收到 X 协议报文后,首先交由 X 协议处理。

X 协议根据报文头中的目的地址在路由表或转发表中查找出接口,确定如何转发此报文。如果发现出接口是 GRE Tunnel 接口,则对报文进行 GRE 封装,即添加 GRE 头。

根据骨干网传输协议为 IP,给报文加上 IP 头。IP 头的源地址就是隧道源地址,IP 头的目的地址就是隧道目的地址。

根据该 IP 头的目的地址(即隧道目的地址),在骨干网路由表中查找相应的出接口并发送报文。之后,封装后的报文将在该骨干网中传输。

2. 解封装

解封装过程和封装过程相反。

Egress PE 从 GRE Tunnel 接口收到该报文,分析 IP 头发现报文的目的地址为本设备,则 Egress PE 去掉 IP 头后交给 GRE 协议处理。

GRE 协议剥掉 GRE 报头,获取 X 协议,再交由 X 协议对此数据报文进行后续的转发处理。

18.1.3　GRE 的报文结构

GRE 封装后的报文结构如图 18-2 所示。

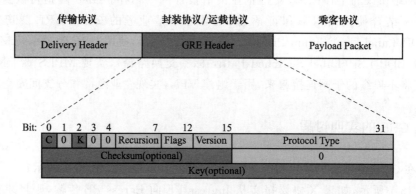

图 18-2　GRE 的报文结构

① 乘客协议(Passenger Protocol):封装前的报文称为净荷,封装前的报文协议称为乘

客协议。

② 封装协议(Encapsulation Protocol)：GRE Header 是由封装协议完成并填充的,封装协议也称运载协议(Carrier Protocol)。

③ 传输协议(Transport Protocol 或 Delivery Protocol)：负责对封装后的报文进行转发的协议称为传输协议。

GRE 头的各字段解释如表 18-1 所示。

表 18-1　GRE 头的各字段解释

GRE 头字段	字段解释
C	校验和验证位。该位置 1,表示 GRE 头插入了校验和(Checksum)字段。该位置 0,表示 GRE 头不包含校验和字段
K	关键字位。该位置 1,表示 GRE 头插入了关键字(Key)字段。该位置 0,表示 GRE 头不包含关键字字段
Recursion	表示 GRE 报文被封装的层数。完成一次 GRE 封装后将该字段加 1。如果封装层数大于 3,则丢弃该报文。该字段的作用是防止报文被无限次地封装 RFC1701 规定该字段默认值为 0 RFC2784 规定当发送端和接收端该字段不一致时不会引起异常,且接收端必须忽略该字段 设备实现时该字段仅在封装报文时用于标记隧道嵌套层数,GRE 解封装报文时不感知该字段,不会影响报文的处理
Flags	预留字段。当前必须置为 0
Version	版本字段。必须置为 0
Protocol Type	标识乘客协议的协议类型。常见的乘客协议为 IPv4,协议代码为 0800
Checksum	对 GRE 头及其负载的校验和字段
Key	关键字字段,隧道接收端用于对收到的报文进行验证

因为目前实现的 GRE 头不包含源路由字段,所以 Bit 1、Bit 3 和 Bit 4 都置为 0。

18.1.4　GRE 的安全机制

GRE 本身提供两种基本的安全机制：校验和验证,识别关键字。

1. 校验和验证

校验和验证是指对封装的报文进行端到端校验。

若 GRE 报文头中的 C 位置 1,则校验和有效。发送方将根据 GRE 头及 Payload 信息计算校验和,并将包含校验和的报文发送给对端。接收方对接收到的报文计算校验和,并与报文中的校验和比较,如果一致则对报文进行进一步处理,否则丢弃。

隧道两端可以根据实际应用的需要决定配置校验和或禁止校验和。如果本端配置了校验和而对端没有配置,则本端将不对接收到的报文进行校验和检查,但对发送的报文计算校验和;相反,如果本端没有配置校验和而对端已配置,则本端将对从对端发来的报文进行校验和检查,但对发送的报文不计算校验和。

2. 识别关键字

识别关键字验证是指对 Tunnel 接口进行校验。通过这种弱安全机制,可以防止错误识别、接收其他地方来的报文。

RFC1701 中规定:若 GRE 报文头中的 K 位为 1,则在 GRE 头中插入一个 4 字节长的关键字字段,收发双方将进行识别关键字的验证。

关键字的作用是标识隧道中的流量,属于同一流量的报文使用相同的关键字。在报文解封装时,GRE 将基于关键字来识别属于相同流量的数据报文。只有 Tunnel 两端设置的识别关键字完全一致时才能通过验证,否则丢弃报文。这里的"完全一致"是指两端都不设置识别关键字,或者两端设置相同的关键字。

18.1.5　GRE 的 Keepalive 检测

由于 GRE 协议并不具备检测链路状态的功能,如果对端不可达,隧道并不能及时关闭该隧道连接,这样会造成源端不断地向对端转发数据,而对端却因隧道不通接收不到报文,由此就会形成数据空洞。

GRE 的 Keepalive 检测功能可以检测隧道状态,即检测隧道对端是否可达。如果对端不可达,隧道连接就会及时关闭,避免因对端不可达而造成的数据丢失,有效防止数据空洞,保证数据传输的可靠性。

Keepalive 检测功能的实现过程如下。

当 GRE 隧道的源端使能 Keepalive 检测功能后,就创建一个定时器,周期地发送 Keepalive 探测报文,同时通过计数器进行不可达计数。每发送一个探测报文,不可达计数加 1。

对端每收到一个探测报文,就向源端发送一个回应报文。

如果源端的计数器值未达到预先设置的值就收到回应报文,则表明对端可达。如果源端的计数器值达到预先设置的值——重试次数(Retry Times),却还没收到回应报文,则认为对端不可达。此时,源端将关闭隧道连接,但是源端口仍会继续发送 Keepalive 报文,若对端 Up,则源端口也会 Up,建立隧道连接。

对于设备实现的 GRE Keepalive 检测功能,只要在隧道一端配置 Keepalive,该端就具备 Keepalive 功能,而不要求隧道对端也具备该功能。隧道对端收到的报文如果是 Keepalive 探测报文,无论是否配置 Keepalive,都会向源端发送一个回应报文。

18.1.6　GRE 的应用场景

1. 多协议本地网通过 GRE 隧道传输

如图 18-3 所示,Term 1 和 Term 2 是运行 IPv6 的本地网,Term 3 和 Term 4 是运行 IP 的本地网,不同地域的子网间需要通过公共的 IP 网络互通。通过在 Router_1 和 Router_2 之间采用 GRE 协议封装的隧道,Term 1 和 Term 2、Term 3 和 Term 4 可以互不影响地进行通信。

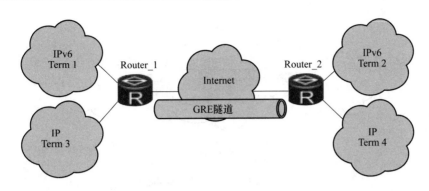

图 18-3　多协议本地网通过 GRE 隧道传输

2. 通过 GRE 扩大跳数受限的网络的工作范围

在图 18-4 中,网络运行 IP,假设 IP 限制跳数为 255。如果两台 PC 之间的跳数超过 255,则它们将无法通信。在网络中选取两台设备建立 GRE 隧道,可以隐藏设备之间的跳数,从而扩大网络的工作范围。例如,RIP 路由的跳数为 16 时表示路由不可达,此时可以在两台设备上建立 GRE 隧道实现逻辑直连,使经过 GRE 隧道的 RIP 路由跳数减至 16 以下,保证路由可达。

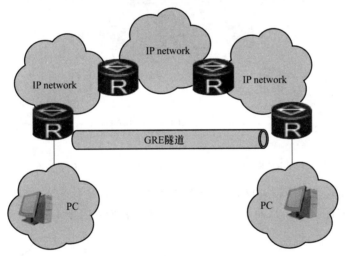

图 18-4　扩大网络的工作范围

3. GRE 与 IPSec 结合,保护组播数据

GRE 可以封装组播数据并在 GRE 隧道中传输。如图 18-5 所示,对于组播数据需要在 IPSec 隧道中传输的情况,可以先建立 GRE 隧道,对组播数据进行 GRE 封装,再对封装后的报文进行 IPSec 加密,从而实现组播数据在 IPSec 隧道中的加密传输。

4. 通过 GRE 隧道组建 L2VPN 和 L3VPN

MPLS VPN 骨干网通常使用 LSP 作为公网隧道。如果骨干网的核心设备(P 设备)不具备 MPLS 功能,而边缘设备(PE 设备)具备 MPLS 功能,骨干网就不能使用 LSP 作为公网隧道。此时,骨干网可以用 GRE 隧道替代 LSP,从而在骨干网中提供三层或二层 VPN 解决方案。

LDP over GRE 技术通过在 GRE 隧道接口上使能 MPLS LDP,使用 GRE 隧道承载 MPLS LDP 报文,建立 LDP LSP。

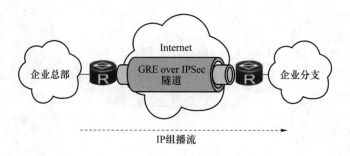

图 18-5　GRE over IPSec 隧道应用

如图 18-6 所示，企业在 PE1 和 PE2 之间部署 L2VPN 或者 L3VPN 业务，由于骨干网设备可能未启用或不支持 MPLS，需要在 PE1 和 PE2 之间建立一条跨越 GRE 隧道的 LDP LSP。

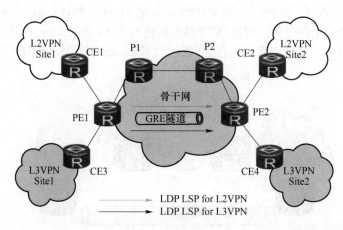

图 18-6　LDP over GRE 应用于企业 L3VPN 或 L2VPN 组网（P 设备都不支持 MPLS）

如图 18-7 所示，骨干网 P2 设备支持 MPLS，但 P1 设备不支持，此时可以通过在 PE1 和 P2 之间建立 GRE 隧道，从而建立一条跨越 GRE 隧道的 LDP LSP。

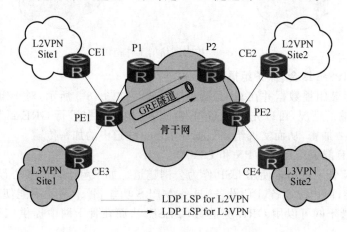

图 18-7　LDP over GRE 应用于企业 L3VPN 或 L2VPN 组网（部分 P 设备不支持 MPLS）

18.1.7　命令行视图

GRE 的配置过程如表 18-2 所示。

表 18-2　GRE 的配置过程

步骤	命令	解释
1	system-view	进入系统视图
2	interface Tunnel **interface-number**	创建 Tunnel 接口。创建 Tunnel 接口后，需要配置 Tunnel 接口的 IP 地址和 Tunnel 接口的封装协议
3	ip address **ip-address** {**mask**｜**mask-length**}	配置 Tunnel 接口的 IP 地址
4	tunnel-protocol **protocol-name**	配置 Tunnel 接口的封装协议
5	source {**source-ip-address**｜**interface-type** **interface-number**}	配置 Tunnel 源地址或源接口
6	destination **dest-ip-address**	指定 Tunnel 接口的目的 IP 地址
7	quit	退出
8	ip route-static **dest-address** {**mask**｜**mask-length**} Tunnel **interface-number**	配置路由。进行 GRE 封装的报文才能正确转发。经过 Tunnel 接口转发的路由可以是静态路由，也可以是动态路由。配置静态路由时，路由的目的地址是 GRE 封装前原始报文的目的地址，出接口是本端 Tunnel 接口

GRE 功能配置成功后，检查配置步骤如表 18-3 所示。

表 18-3　GRE 的检查配置步骤

命令	解释
display interface Tunnel **interface-number**	查看接口的运行状态和路由信息。如果接口的当前状态和链路层协议的状态均显示为 Up,则接口处于正常转发状态。隧道的源地址和目的地址分别为建立 GRE 隧道使用的物理接口的 IP 地址

Keepalive 检测的配置过程如表 18-4 所示。

表 18-4　Keepalive 检测的配置过程

步骤	命令	解释
1	system-view	进入系统视图
2	interface Tunnel **interface-number**	创建 Tunnel 接口。创建 Tunnel 接口后，需要配置 Tunnel 接口的 IP 地址和 Tunnel 接口的封装协议
3	keepalive [period **period** [retry-times **retry-times**]]	在 GRE Tunnel 接口启用 Keepalive 检测功能。其中:period 参数指定 Keepalive 检测报文的发送周期，默认值为 5 秒;retry-times 参数指定 Keepalive 检测报文的重传次数，默认值为 3。如果在指定的重传次数内未收到对端的回应报文，则认为隧道两端通信失败,GRE 隧道将被拆除

Keepalive 检测功能配置成功后，检查配置步骤如表 18-5 所示。

表 18-5　Keepalive 的检查配置步骤

命令	解释
display interface Tunnel **interface-number**	查看 GRE 的 Keepalive 功能是否启用

18.2　案例配置

18.2.1　案例需求

本案例中，要求对 RTA 和 RTB 进行 GRE 配置。实现 PC1 和 PC2 互访。

18.2.2　拓扑设备

GRE 配置如图 18-8 所示，设备配置地址如表 18-6 所示，本案例所选路由器设备为 2 台 AR2220，另有 2 台 PC。

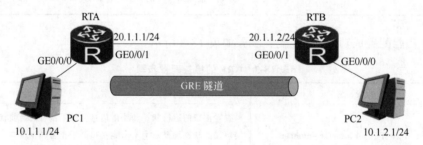

图 18-8　GRE 配置

表 18-6　设备配置地址

设备	接口	IP 地址	子网掩码
PC1	Ethernet0/0/1	10.1.1.1	255.255.255.0
PC2	Ethernet0/0/1	10.1.2.1	255.255.255.0
RTA	GE0/0/0	10.1.1.254	255.255.255.0
	GE0/0/1	20.1.1.1	255.255.255.0
	Tunnel0/0/1	40.1.1.1	255.255.255.0
RTB	GE0/0/0	10.1.2.254	255.255.255.0
	GE0/0/1	20.1.1.2	255.255.255.0
	Tunnel0/0/1	40.1.1.2	255.255.255.0

18.2.3　案例实施

1. RTA 主要配置

```
[RTA]interface Tunnel0/0/1
[RTA-Tunnel0/0/1]ip address 40.1.1.1 24
[RTA-Tunnel0/0/1]tunnel-protocol gre
[RTA-Tunnel0/0/1]source 20.1.1.1
[RTA-Tunnel0/0/1]destination 20.1.1.2
[RTA-Tunnel0/0/1]quit
[RTA]ip route-static 10.1.2.0 24 Tunnel0/0/1
```

2. RTB 主要配置

```
[RTB]interface Tunnel0/0/1
[RTB-Tunnel0/0/1]ip address 40.1.1.2 24
[RTB-Tunnel0/0/1]tunnel-protocol gre
[RTB-Tunnel0/0/1]source 20.1.1.2
[RTB-Tunnel0/0/1]destination 20.1.1.1
[RTB-Tunnel0/0/1]quit
[RTB]ip route-static 10.1.1.0 24 Tunnel0/0/1
```

3. 实验测试

```
[RTA]display interface Tunnel0/0/1
Tunnel0/0/1 current state : UP
Line protocol current state : UP
Last line protocol up time : 2020-08-21 13:37:38
Description:HUAWEI, AR Series, Tunnel0/0/1 Interface
Route Port, The Maximum Transmit Unit is 1476
Internet Address is 40.1.1.1/24
Encapsulation is TUNNEL, loopback not set
Tunnel source 20.1.1.1 (GigabitEthernet0/0/1), destination 20.1.1.2
Tunnel protocol/transport GRE/IP, key disabled
keepalive disabled
Checksumming of packets disabled

[RTA]display ip routing-table
Route Flags: R - relay, D - download to fib
```

```
————————————————————————————————————————————————
Routing Tables：Public   Destinations：13      Routes：14

Destination/Mask Proto Pre Cost Flags NextHop   Interface

……

10.1.2.0/24        Static 60 0     RD     40.1.1.2 Tunnel0/0/1
```

4. 配置 Keepalive 检测

在 RTA 中配置 Keepalive 检测。

```
[RTA]interface Tunnel0/0/1
[RTA-Tunnel0/0/1]keepalive period 3
[RTA-Tunnel0/0/1]quit
```

5. 实验测试

```
[RTA]display interface Tunnel0/0/1
Tunnel0/0/1 current state：UP
Line protocol current state：DOWN
Description:HUAWEI, AR Series, Tunnel0/0/1 Interface
Route Port，The Maximum Transmit Unit is 1476
Internet Address is 40.1.1.1/24
Encapsulation is TUNNEL, loopback not set
Tunnel source 20.1.1.1 (GigabitEthernet0/0/1), destination 20.1.1.2
Tunnel protocol/transport GRE/IP，key disabled
keepalive enable period 3 retry-times 3
Checksumming of packets disabled
```

18.3 常见问题与分析

① GRE 的应用场景有哪些？

解析:GRE 可以解决异种网络的传输问题;GRE 隧道扩展了受跳数限制的路由协议的工作范围,支持企业灵活设计网络拓扑;GRE 可以与 IPSec 结合来实现加密传输组播数据。

② display interface tunnel 命令显示的信息中会包含 Internet Address 和 Tunnel source,两者的区别是什么？

解析:Internet Address 代表建立 GRE 隧道所用的虚拟隧道地址,Tunnel source 表示隧道的起点,是设备的出接口物理地址。

18.4 拓 展 训 练

18.4.1 训练目的

熟练 GRE 和 Keepalive 基本配置命令的使用。

18.4.2 训练拓扑

拓扑结构如图 18-9 所示。

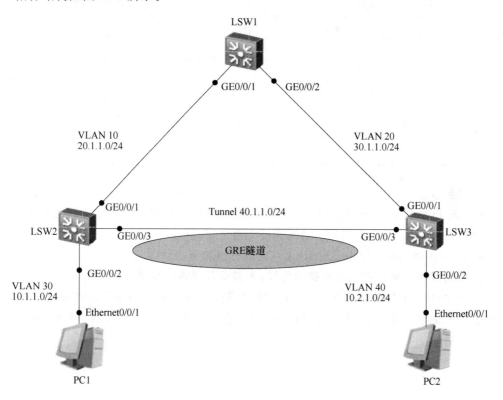

图 18-9 拓扑结构

18.4.3 训练要求

1. 网络布线

根据网络拓扑图进行网络布线(交换机型号为 S5700)。

2. 实验编址

根据网络拓扑图设计网络设备的 IP 编址。

① LSW1、LSW2、LSW3 实现公网互通(本训练使用 OSPF 协议)。

② 在 PC1 和 PC2 上运行 IPv4 私网协议,现需要 PC1 和 PC2 通过公网实现 IPv4 私网互通。

③ PC1 和 PC2 上分别指定 LSW2 和 LSW3 为自己的缺省网关。

填写表 18-7 所示的地址分配表。

表 18-7　地址分配表

设备	接口	IP 地址	子网掩码
LSW1	GE0/0/1		
	GE0/0/2		
LSW2	GE0/0/1		
	GE0/0/2		
	GE0/0/3		
	Tunnel0/0/1		
LSW3	GE0/0/1		
	GE0/0/2		
	GE0/0/3		
	Tunnel0/0/1		
PC1	Ethernet0/0/1		
PC2	Ethernet0/0/1		

3. 主要步骤

要实现 PC1 和 PC2 通过公网互通,需要在 LSW2 和 LSW3 之间建立直连链路,部署 GRE 隧道,通过静态路由指定到达对端的报文通过 Tunnel 接口转发。

配置 GRE 通过静态路由实现 IPv4 互通的思路如下。

① 所有设备之间运行 OSPF 路由协议,实现设备间路由互通。

② 在 LSW2 和 LSW3 上创建 Tunnel 接口,创建 GRE 隧道,并在 LSW2 和 LSW3 上配置经过 Tunnel 接口的静态路由,使 PC1 和 PC2 之间的流量通过 GRE 隧道传输,实现 PC1 和 PC2 互通。

综合实验篇

> 第 19 章　企业网的综合组网实验设计

第19章 企业网的综合组网实验设计 →

19.1 引　言

进行计算机网络综合组网实验时,需要大量的物理设备,难以做到一人多台设备,往往不具备真实实验条件而难以完成实验。而计算机网络综合组网实验是应用型高校计算机网络相关专业的必修课程,在不具备真实实验条件的情况下,可采用计算机虚拟仿真软件,开展绿色实验教学。本章以原有企业网络为模型,以现有工程改造项目为案例背景,对其网络进行升级改造,实现企业网的综合组网实验设计。

19.2　重要知识点分析

19.2.1　VLAN间路由技术

VLAN间路由技术就是 VLAN 间通信所要用到的路由功能,是计算机网络实验课程中一个重要的知识点。通过网络层的路由功能实现不同 VLAN 之间相互通信,通常可使用的物理设备有三层交换机或路由器。通过交换机的三层虚拟接口技术可以实现不同 VLAN 间通信。使用路由器实现 VLAN 间通信的方式有:一是通过路由器的不同端口与相应的 VLAN 直接相连实现;二是通过路由器的单臂路由实现;三是对于具有二层接口模式的路由器,可以通过虚拟接口技术实现。路由器的不同端口与相应的 VLAN 相连时,由于路由器端口数量有限并且要重新布设网线,不利于网络扩展。单臂路由通过路由器的逻辑子接口与交换机的各个 VLAN 连接,容易形成网络单点故障,现实意义不大。三层交换机通常 VLAN 扩展能力强、数据吞吐量较大,一般作为核心交换机使用。如果要对现有网络进行改造升级,在现有路由器具有二层接口功能,而没有三层交换机的情况下,为了节约资金,也可以把此路由器当作核心交换机使用。

19.2.2 WLAN 技术

无线局域网络(Wireless Local Area Network，WLAN)作为网络接入最后一公里的解决方案，在特定的场合可以替代其他有线接入方式。WLAN 技术具有低成本和高带宽的优点，能够满足用户对无线宽带业务的需求。WLAN 技术配置主要是对无线接入控制器(AC)进行配置，有直连式和旁挂式两种组网方式。在为企业网络规划改造升级时，采用 WLAN 技术可以给企业客户提供一个临时的办公场所，也可以在企业网络有线网络架设环境受限时实现无线办公。

19.2.3 NAT 技术

通过 NAT 技术可以实现将私有的网络地址转换为公有的网络地址，通过它们之间的映射关系，实现私有网与公有网之间的通信。NAT 的实现方式包括 Easy IP、NAT 服务器、静态 NAT、动态 NAT 等。Easy IP 能够实现将多个私网内部地址映射到边缘路由器或其他设备网关出接口上的不同端口；NAT 服务器能够实现私网中的服务器随时可供公网用户访问；静态 NAT 能够实现私有地址和公有地址之间的一对一映射，一个公网的 IP 仅能够分配给内网唯一固定的主机；动态 NAT 是根据互联网服务提供商分配下来的地址，利用地址池来实现私有网络地址和公有网络地址之间的相互转换。

19.3 组网实验方案设计

19.3.1 实验目的

掌握综合组网的常用配置技术，包括三层 VLAN 间通信、WLAN 配置技术、缺省路由、NAT 配置技术等。

19.3.2 实验设备

实验在仿真网络实验平台 eNSP 上实现，需要路由器 2 台、二层交换机 3 台、AC6605 无线控制器 1 台、AP6010 无线接入点 2 台、PC 3 台、STA 带无线网卡的笔记本 2 台、手机模拟器 2 台、服务器 1 台以及双绞线若干。

19.3.3 仿真要求

1. 实验背景描述

某公司为一小型公司，公司职员较少，所有部门人员的办公网络都在同一子网内。现在因业务扩展,公司增加了办公人员,原有网络已不能满足办公需求,需要对现有网络进行重新规划,网络规划拓扑如图 19-1 所示。实验网络分为私网区和公网区。私网区即该公司的内网区,主要分为无线区域规划、服务器专区、财务隔离区、其他办公区。公司内网采用扁平化网络结构,充分利用现有设备,现有的一台路由器 AR1 具有三层工作模式和二层工作模式,为了节约成本,可以不购买三层交换机,因此公司原有的路由器既作为边缘路由器又作为核心层设备使用。为了实现与公网连接,公司向互联网服务提供商申请了 2 个公有 IP 地址(214.144.168.190/24 和 214.144.168.191/24)。

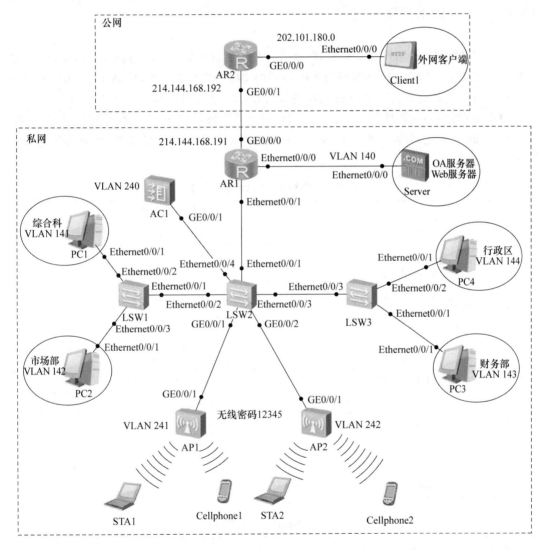

图 19-1　网络规划拓扑

2. 实验要求

① 实现 WLAN 功能。要求 AC 旁挂在接入层交换机,在 AC 上配置 DHCP 服务器功能,实现笔记本、手机自动获得 IP 地址并且能够无线上网。

② 实现 VLAN 间通信。PC1、PC2、PC4、服务器、出口路由器 AR1、无线终端设备全网互通,财务部 PC3 与内网其他部门 PC、无线终端设备不能互通。

③ 实现 NAT 功能。采用 Easy IP、NAT 服务器配置,要求公司内网终端设备可以访问外网,外网客户端可以访问内网 Web 服务器。

19.4　实验方案实现与验证

19.4.1　实验网络逻辑规划

根据网络规划拓扑图及实验要求,在公司内网区规划 8 个 VLAN,其中:VLAN 240 为无线控制器管理区,VLAN 241 为无线访客区,VLAN 242 为无线办公区;VLAN 140 为服务器专区;VLAN 141 为综合科;VLAN 142 为市场部;VLAN 143 为财务部;VLAN 144 为行政区。

对于公网的 2 个 IP 地址,214.144.168.191 用作公司接入路由器的接口地址,214.144.168.190 用作公司 Web 服务器地址。具体的网络设备及终端设备 IP 地址的分配情况如表 19-1 和表 19-2 所示。

表 19-1　网络设备端口地址规划表

设备	端口	IP 地址/子网掩码
AR1	GE0/0/0	214.144.168.191/24
	VLANIF141	192.168.141.254/24
	VLANIF142	192.168.142.254/24
	VLANIF143	192.168.143.254/24
	VLANIF144	192.168.144.254/24
	VLANIF241	192.168.241.254/24
	VLANIF242	192.168.242.254/24
	VLANIF140	192.168.140.254/24
AC	VLANIF240	192.168.240.254/24
	VLANIF241	192.168.241.253/24
	VLANIF242	192.168.242.253/24
AR2	GE0/0/1	214.144.168.192/24
	GE0/0/0	202.101.180.254/24

表 19-2　终端设备地址规划表

设备	IP 地址/子网掩码	网关	VLAN
PC1	192.168.141.1/24	192.168.141.254	VLAN 141
PC2	192.168.142.1/24	192.168.142.254	VLAN 142
PC3	192.168.143.1/24	192.168.143.254	VLAN 143
PC4	192.168.144.1/24	192.168.144.254	VLAN 144
Server	192.168.140.1/24	192.168.140.254	VLAN 140

设备	IP 地址/子网掩码	网关	VLAN
Client1	202. 101. 180. 1/24	202. 101. 180. 254	无
STA1	自动分配	自动分配	VLAN 241
STA2	自动分配	自动分配	VLAN 242
Cellphone1	自动分配	自动分配	VLAN 241
Cellphone2	自动分配	自动分配	VLAN 242

19.4.2 网络设备配置

1. 基于路由器的 VLAN 间内网通信

为了实现公司内网全网互通,需要在核心路由器 AR1 上创建 VLANIF,启动三层路由交换功能,配置与接入层相连的接口。关键代码及描述如下。

```
[AR1]vlan batch 140 to 144 241 242   //创建公司内网规划区域的 VLAN
[AR1]interface Ethernet0/0/1   //进入接口视图,该接口用于与接入层相连
[AR1-Ethernet0/0/1]port link-type trunk   //配置 Trunk 接口类型
[AR1-Ethernet0/0/1]port trunk allow-pass vlan all   //转发所有部门数据信息
[AR1]interface Ethernet0/0/0   //进入接口视图,该接口用于与服务器相连
[AR1-Ethernet0/0/0]port link-type access   //配置 Access 接口类型
[AR1-Ethernet0/0/0]port default vlan 140   //将端口加入 VLAN 140 中
[AR1]interface vlanif242   //创建无线办公区虚拟接口,并进入该接口视图
[AR1-vlanif242]ip address 192.168.242.254 24   //配置无线办公区的网关地址,实
现三层互通
```

路由器 AR1 中 VLANIF140、VLANIF141、VLANIF142、VLANIF143、VLANIF144、VLANIF241 的创建及相关地址配置可参照 VLANIF242 的配置方法。内网中交换机与交换机、路由器级联的端口参照路由器 AR1 中 Ethernet0/0/1 的端口配置命令即可。交换机与终端设备相连,先在交换机上创建相应部门的 VLAN,终端设备 PC1、PC2、PC3、PC4 相连的接口配置方法可参照路由器 AR1 中 Ethernet0/0/0 与服务器相连的接口配置命令,在此不再赘述。

2. 无线区域规划配置

AC 需要创建 VLAN、配置 DHCP 服务器功能。AP 设备为"零配置",即插即用设备不需要配置。无线区域规划配置在此以 AP2 配置为例,AP1 参照 AP2 配置即可。AC 的主要配置过程如下。

① 配置 DHCP 服务器功能。AC 作为 DHCP 服务器,AP2 从 AC 上获取 IP 地址;配置无线办公区的全局地址池。关键代码及描述如下。

```
[AC1]vlan batch 240 to 242    //创建 WLAN 区域的 VLAN
[AC1]dhcp enable    //开启 DHCP 服务器功能
[AC1]ip pool 242    //创建无线办公区的全局地址池
[AC1-ip-pool-242]gateway-list 192.168.242.254    //配置全局地址池出口的网关
地址
[AC1-ip-pool-242]network 192.168.242.0 mask 255.255.255.0    //配置分配网段地址
```

② 配置 AC 和接入交换机,实现 AP2 和 AC 互通。AC 端口 GE0/0/1 和接入交换机端口 Ethernet0/0/4、GE0/0/2 的配置方法可参照 AR1 中 Ethernet0/0/1 的端口配置命令。

```
[AC1]interface vlanif242    //创建虚拟接口,并进入接口视图
[AC1-vlanif242]ip address 192.168.242.253 24    //配置 IP 地址、子网掩码
[AC1-vlanif242]dhcp select global    //配置接口的 DHCP 服务器功能
```

③ 配置 AC 的基本功能。配置 AC 全局参数(运营商标识、ID、国家码),方便识别和管理。创建 VLANIF 接口,配置其 IP 地址,作为数据转发的三层接口,同时能实现 DHCP 服务器功能。VLANIF240 为 AP 分配 IP 地址。

```
[AC1]wlan ac-global ac id 1 carrier id ctc    //配置运营商标识、ID
[AC1]wlan ac-global country-code cn    //配置国家码
[AC1]dhcp enable    //开启 DHCP 服务器功能
[AC1]interface vlanif240    //创建虚拟接口,并进入该接口视图
[AC1-vlanif240]ip address 192.168.240.254 24    //配置 IP 地址、子网掩码
[AC1]wlan    //进入 WLAN 视图
[AC1-wlan-view]wlan ac source interface vlanif240    //配置 AC 源接口为 VLANIF240,用
于 AP 和 AC1 之间建立通信
```

④ 配置 AP2 上线的认证方式,并把 AP2 加入 AP 域中,实现 AP2 正常工作。关键代码及描述如下。

```
[AC1-wlan-view]ap-auth-mode mac-auth    //配置 AP 的认证方式为 MAC 认证
[AC1-wlan-view]ap id 1 type-id 19 mac 00e0-fcbc-5df0
[AC1-wlan-view]ap-region id 242    //配置 AP 域 ID
[AC1-wlan-view]ap id 1    //进入 AP2 ID 视图
[AC1-wlan-ap-1]region-id 242    // AP2 加入 AP 域 242
```

⑤ 配置 VAP,下发 WLAN 业务,实现 STA 访问 WLAN 网络功能。

```
[AC1]interface wlan-ess1    //配置 WLAN-ESS 虚接口
[AC1-WLAN-ESS1]dhcp enable
[AC1-WLAN-ESS1]port link-type hybrid
[AC1-WLAN-ESS1]port hybrid untagged vlan 242
[AC1-wlan-view]wmm-profile name wmm001 id 1    //创建名为"wmm001"的 WMM 模板
[AC1-wlan-view]radio-profile name rd001    //创建名为"rd001"的射频模板
```

```
[AC1-wlan-radio-prof-rd001]wmm-profile name wmm001    //绑定 WMM 模板
[AC1-wlan-view]traffic-profile name t002 id 2    //创建流量模板
[AC1-wlan-view]security-profile name s002 id 2    //创建安全模板
[AC1-wlan-sec-prof-s002]wep authentication-method share-key
[AC1-wlan-sec-prof-s002]wep key wep-40 pass-phrase 0 simple 12345    //设置无线客
```
户端登录密码
```
[AC1-wlan-view]service-set name hw002 id 1    //创建与 AP2 对应的服务集
[AC1-wlan-service-set-hw002]wlan-ess1    //绑定虚接口 WLAN-ESS1
[AC1-wlan-service-set-hw002]ssid hw002    //指定服务集的 SSID
[AC1-wlan-service-set-hw002]traffic-profile id 2    //绑定流量模板
[AC1-wlan-service-set-hw002]security-profile id 2    //绑定 AP2 对应的安全模板
[AC1-wlan-service-set-hw002] service-vlan 242    //绑定服务集的 VAP 的业务
```
VLAN ID
```
[AC1-wlan-view]ap 1 radio 0    //进入射频视图
[AC1-wlan-view-1/0]radio-profile name rd001    // AP2 对应的射频绑定射频模板
[AC1-wlan-view-1/0]service-set name hw002    //绑定服务集
[AC1-wlan-view]commit all    //下发 VAP 到 AP2
```

3. 基于 ACL 的简化流策略配置财务部专区

为了提高财务部网络的安全性,这里采取基于 ACL 的简化流策略配置方法,使财务部与其他部门相隔离,同时能和其他部门一样访问 OA 服务器、公网。在核心层路由器 AR1 上配置简化的流策略,关键代码及描述如下。

```
[AR1]acl 2041    //创建基本 ACL 2041,并进入 ACL 视图
[AR1-acl-basic-2041]step 7    //设置步长为 7
[AR1-acl-basic-2041]rule deny source 192.168.141.0 0.0.0.255    //表示禁止源 IP
```
地址在 192.168.141.0 网段的报文通过
```
[AR1-acl-basic-2041]rule deny source 192.168.142.0 0.0.0.255    //表示禁止源 IP
```
地址在 192.168.142.0 网段的报文通过
```
[AR1-acl-basic-2041]rule deny source 192.168.144.0 0.0.0.255    //表示禁止源 IP
```
地址在 192.168.144.0 网段的报文通过
```
[AR1-acl-basic-2041]rule deny source 192.168.241.0 0.0.0.255    //表示禁止源 IP
```
地址在 192.168.241.0 网段的报文通过
```
[AR1-acl-basic-2041]rule deny source 192.168.242.0 0.0.0.255    //表示禁止源 IP
```
地址在 192.168.242.0 网段的报文通过
```
[AR1]interface vlanif143    //进入 VLANIF143 接口视图
[AR1-vlanif143]traffic-filter outbound acl 2041    //关联接口,根据 ACL 中的规则
```
对报文流进行过滤

4. 基于 Easy IP 和 NAT 服务器的数据流控制功能的实现

公司内网通过路由器 AR1 访问公网,同时限制公网访问内网私有主机,采取 Easy IP

配置方式实现控制指定的数据流通过,利用 NAT 服务器配置方式实现外网用户访问内网服务器。关键代码及描述如下。

```
[AR1]acl 2010    //定义基本 ACL
[AR1-acl-basic-2010]rule 5 permit   //允许所有内网网段数据流通过
[AR1]interface GigabitEthernet0/0/0   //进入接口视图,该接口用于连接外网
[AR1-GigabitEthernet0/0/0]ip address 214.144.168.191 255.255.255.0   //外网接
口地址,由 ISP 分配
[AR1-GigabitEthernet0/0/0]nat outbound 2010   //定义关联 ACL 地址段进行地址
转换
[AR1-GigabitEthernet0/0/0]nat server protocol tcp global 214.144.168.190 www
inside 192.168.140.1 www   //定义内部服务器的映射表,外部用户可以通过公网地址来访
问内部服务器
[AR1]ip route-static 0.0.0.0 0.0.0.0 214.144.168.192   //配置缺省静态路由,用
于实现 Internet 访问
```

19.4.3   实验结果验证

1. 访问 Internet

在内网 PC 或无线办公区的移动设备上使用 ping 命令测试与外网客户端 Client1 的连通性,结果如图 19-2 所示,验证实验成功。

```
PC>ping 202.101.180.1

Ping 202.101.180.1: 32 data bytes, Press Ctrl_C to break
From 202.101.180.1: bytes=32 seq=1 ttl=253 time=78 ms
From 202.101.180.1: bytes=32 seq=2 ttl=253 time=78 ms
From 202.101.180.1: bytes=32 seq=3 ttl=253 time=78 ms
From 202.101.180.1: bytes=32 seq=4 ttl=253 time=62 ms
From 202.101.180.1: bytes=32 seq=5 ttl=253 time=62 ms
```

图 19-2   访问 Internet

2. 财务部隔离

在内网 PC 上使用 ping 命令测试与财务部 PC3 的连通性,结果如图 19-3 所示,验证实验成功。

```
PC>ping 192.168.143.1

Ping 192.168.143.1: 32 data bytes, Press Ctrl_C to break
Request timeout!
Request timeout!
Request timeout!
Request timeout!
Request timeout!
```

图 19-3   其他部门与财务部隔离

3. 外网客户端访问内网服务器

在外网 Client1 的浏览器中输入内网 Web 服务器对外的网站地址,结果如图 19-4 所示,显示可以成功访问。

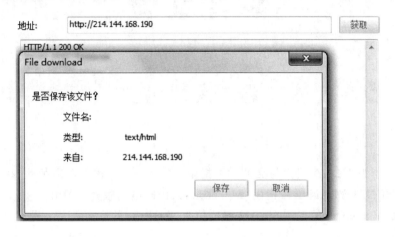

图 19-4 外网客户端访问内网服务器

19.5 结 语

实践动手能力是应用型高校学生不可或缺的一项基本技能。本章设计了一种仿真企业网的综合组网实验,对于学生理解和掌握综合组网知识具有较好的可操作性。此实验方案具有一定的指导性和拓展性,可以进一步延伸和丰富实验内容,也可以作为真实的企业网络规划方案。

［1］ 韩立刚.华为 HCNA 路由与交换学习指南［M］.北京：人民邮电出版社，2017.

［2］ 高峰.HCNA-WLAN 学习指南［M］.北京：人民邮电出版社，2016.

［3］ 孟祥成.基于 eNSP 的二层 VLAN 虚拟仿真实验［J］.实验室研究与探索，2017，36（9）：
102-106.

［4］ 田果，彭定学.趣学 CCNA 路由与交换［M］.北京：人民邮电出版社，2015.

［5］ 甘刚.网络设备配置与管理［M］.北京：人民邮电出版社，2016.

［6］ 苏函.HCNA 实验指南［M］.北京：电子工业出版社，2016.

［7］ 刘丹宁，田果，韩士良.路由与交换技术［M］.北京：人民邮电出版社，2017.

［8］ 孟祥成.一种仿真企业网的综合组网实验设计［J］.实验室研究与探索，2018，37（6）：
135-139.

［9］ 赵新胜，陈美娟.路由与交换技术［M］.北京：人民邮电出版社，2018.

［10］ 周亚军.华为 HCNA 认证详解与学习指南［M］.北京：电子工业出版社，2017.